マススペクトロメトリー関係用語集

日本質量分析学会用語委員会

マススペクトロメトリー関係用語集改定第４版の出版にあたって

2009年6月10日に出版された日本質量分析学会発行マススペクトロメトリー関係用語集第3版は，2003年に発足したInternational Union of Pure and Applied Chemistry: IUPAC（国際純正・応用化学連合）の質量分析関連用語標準定義プロジェクトの作業内容を随時反映させながら編纂作業が進められ，プロジェクトチームがPure and Applied Chemistry誌に投稿した原稿Definitions of terms relating to mass spectrometry (IUPAC recommendations 2008)の内容に準拠して改定が行われました．数年間にわたる査読の後，2013年に公表されたDefinitions of terms relating to mass spectrometry (IUPAC recommendations 2013)では，査読の過程で一部の用語の定義に修正が加えられたことに加え，200を超える用語が追加収録されました．追加収録された用語に関しては2013〜2014年度用語委員会（委員長，吉野健一）で日本語定義文作成作業を行いました．次期2015〜2016年度用語委員会（委員長，竹内孝江）において査読を行い，マススペクトロメトリー関係用語集追補版 [*J. Mass Spectrom. Soc. Jpn.*, **65**, 76 (2017)] として公表いたしました．

マススペクトロメトリー関係用語集第3版に収録された用語の中には，査読の過程で原稿のDefinitions of terms relating to mass spectrometry (IUPAC recommendations 2008)から修正が加えられた用語もあり，第3版と追補版を併せたDefinitions of terms relating to mass spectrometry (IUPAC recommendations 2013)に準拠したマススペクトロメトリー関係用語集第4版の編纂作業が必要となりました．第4版の編纂作業は，2017〜2018年度および2019〜2020年度用語委員会において進められ，この度出版する運びとなりました．異なる時期に編纂された第3版と追補版を併合するにあたり，全般的に内容を精査し，齟齬，重複等は可能な限り修正を加えました．

本用語集の編纂作業にあたり，多数の学会員からご意見を賜りました．お名前は割愛いたしますが，これまで第1版から第4版の「マススペクトロメトリー関係用語集」の編纂にご協力くださいました学会員各位に深謝するとともに，第1版から第3版までの「マススペクトロメトリー関係用語集」の発刊にご尽力くださった歴代用語委員に改めて敬意を表します．

質量分析学では，継続的に技術開発が行われ，新技術を活用した研究によって常に新しい発見が生まれています．その過程で新しい学術用語も誕生しますので，用語集は絶えず改定が必要です．本用語集に記載された定義文や構成，収録を希望される用語等，ご意見やお気づきの点がございましたら用語委員会にお寄せくださいますようお願いいたします（用語委員会のメールアドレスは一般社団法人日本質量分析学会ウェブサイトをご参照ください）．

一般社団法人日本質量分析学会用語委員会（2017〜2018年度および2019〜2020年度）

岩本賢一（大阪府立大学），川崎英也（関西大学），絹見朋也（産業技術総合研究所），窪田雅之（日本ウォーターズ），瀬藤光利（浜松医科大学），瀧浪欣彦（ブルカージャパン），竹内孝江（奈良女子大学），内藤康秀（光産業創成大学院大学），松尾二郎（京都大学），吉野健一（委員長）（神戸大学）

［所属は2019年10月現在］

第 1 版のまえがき

マススペクトロメトリー関係用語集の編纂にあたって

近年，マススペクトロメトリーは，イオン化法，分析装置，フラグメンテーションの理論，データ処理システム，応用領域などにおいてさまざまに進歩発展し，多岐にわたる分野で積極的に使用されるようになりました．それに伴い，種々の用語がいろいろな意味で使用され，同じ一つの用語が異なった分野では異なった意味に用いられたり，一つの用語がそれを使用する個人によって異なった意味で使われたりして，多少の混乱も起きるようになっています．また，研究現場からは最先端の研究に対応して次々と新しい用語が生み出され，初心者・エキスパートにかかわらず，用語の意味をリアルタイムで理解しながら測定や研究に携わることが必要になってきました．このような状況を見通し，日本質量分析学会では以前からマススペクトロメトリー関係の用語の整備・統一を検討してきました．また海外でもこの問題に対して種々の提案や勧告がなされています．

日本質量分析学会では，従前の用語委員会を改組し，2 年ほど前に学会委員会の中に新たに用語小委員会を設置してマススペクトロメトリー関係の用語集編纂に向け議論を重ねてきましたが，この度その成案を得ましたので，学会委員会の承諾のもとにここに公表いたします．

言葉は「生きもの」であり，学術用語も科学の進歩発展に伴って時代とともに変遷していくものではありますが，ここに取りまとめました用語は現時点における最大公約数的なものとして，マススペクトロメトリーを使用される方々のお役に立つものと信じております．なおこの用語集は，今後，数年ごとを目処として改訂していく予定でありますので，ご意見やお気づきの点を日本質量分析学会用語委員会委員までお寄せ下されば幸いです．

1998 年 2 月

日本質量分析学会
用語委員会　委員長　高山光男
幹　事　奥野和彦　高山光男　中田尚男　平岡賢三
委　員　明石知子　大橋　守　奥野和彦　笠間健嗣
交久瀬五雄　桜井　達　志田保夫　高岡宣雄
高山光男　竹内孝江　土屋正彦　中田尚男
中村健道　平岡賢三　平山和雄　本間芳和
山脇道夫　和田芳直

第２版のまえがき

改定第２版の出版にあたって

この用語集は，3 年前に出版されて以来，マススペクトロメトリーに携わる多くの方々に利用されてきましたが，最近になってマススペクトロメトリーの応用分野がますます拡大するのに伴い，新しい領域における専門用語なども収録する必要が出て参りました．そこで，今回，これまでの用語の見直しをも含め，改定第 2 版を出版することとなりました．21 世紀を迎えるにあたり，この用語集がマススペクトロメトリー関連分野においてなおいっそう役立つことを願っております．なお，今回の改定にあたり，次の方々には用語の見直しや新しい用語の選定などに関し特にお世話になりました．ここに改めて御礼申し上げます．

明石知子	大橋　守	笠間健嗣	交久瀬五雄	小西英之	竹内孝江
内藤康秀	長尾敬介	中村健道	橋本　豊	前川麻弥	和田芳直

2001 年 2 月

日本質量分析学会

用語委員会　委員長　高山光男

幹　事　奥野和彦　高山光男　中田尚男　平岡賢三

執筆者

明石知子	伊佐公男	板垣又丕	大橋　守
大橋陽子	奥野和彦	交久瀬五雄	笠間健嗣
金井みち子	木下　武	後藤順一	小西英之
酒井郁男	桜井　達	鴨原　淳	志田保夫
竹内孝江	田島　進	高岡宣雄	高山光男
田中耕一	辻本和雄	土屋正彦	内藤康秀
長尾敬介	中川秀樹	中川有造	中田尚男
中村健道	西村俊秀	丹羽吉夫	能美　隆
野島一哲	橋本　豊	平岡賢三	平山和雄
藤井敏博	本間芳和	前川麻弥	松田　久
山脇道夫	和田芳直		

第３版のまえがき

改定第３版の出版にあたって

この用語集は，マススペクトロメトリー関係の専門用語を使用する際の拠り所として，あるいは入門書と併用する教材として，マススペクトロメトリー関連分野に携わる多くの方々に利用されてきました．改定第2版の出版から既に8年が経過しましたが，その間のマススペクトロメトリーの進歩発展は目覚しく，多くの新しい用語が生まれ，利用されています．また，マススペクトロメトリーの専門用語について，最も基本的な用語も含めて，定義上の不備を指摘する意見が寄せられています．そこで，今回，全般的に見直しした用語集改定第3版を出版することとなりました．

改定第3版の編纂にあたり，日本質量分析学会用語委員会では，近く更新が予定されている国際純正・応用化学連合（International Union of Pure and Applied Chemistry, IUPAC）の勧告（Standard Definitions of Terms Relating to Mass Spectrometry）に，できる限り準拠させる方針で作業を進めてきました．IUPAC勧告は，マススペクトロメトリー関連の主要な論文誌の執筆の手引きにおいて，用語表記の基準として指定されており，用語体系の根幹になっています．従前の用語集は1991年版IUPAC勧告に基づいて編纂されましたが，新しいIUPAC勧告では大幅な改定が予定されています．IUPAC勧告の改定に伴う混乱を避けるため，質量分析総合討論会のワークショップ等で過去数回，IUPAC改定の動向について報告するとともに，IUPACの作業内容を随時反映させながら改定第3版を編纂しました．

しかし，IUPACの作業の遅れにより，出版のタイミングをIUPAC勧告の更新に合わせることができませんでした．用語の過渡期での出版になってしまいましたが，IUPACの最新の作業結果に基づいておりますので，新しいIUPAC勧告を先取りした内容としてご理解ください．なお，最終的なIUPAC勧告では，この用語集の内容から軽微な変更があることも予想されます．今後の正式なIUPAC勧告の更新，および関連した日本質量分析学会からの告知にご留意ください．

改定第3版では，編集の方針として従来よりも用語の標準化の観点を重視しています． これは，標準ではない用語表記や，用語の誤用などによって，マススペクトロメトリーに携わる方々が不利益を被らないようにするねらいがあります．そのため，「推奨しない用語」の項目を新たに設けるとともに，本文中でも該当する用語については推奨されないことを明記しています．また，各用語の定義文は，解説的な記述を避け，できる限り明瞭・正確であることに努めました．その結果，用語集の啓発的な側面が後退したことは否めません．用語集がマススペクトロメトリー関連分野において，これまで以上に役立つことを願っておりますが，この構成については賛否両論があると思います．さらには，学術用語自体も時代とともに変遷していくものであり，用語集には絶えず改定が必要です．用語集の構成を含めて，ご意見やお気づきの点をお寄せ頂ければ幸いです．

なお，次の方々には今回の改定にあたり特にご協力頂きました．ここに改めて御礼申し上げます．

伊佐公男　岩本賢一　上野良弘　木村隆良　長尾敬介　中田尚男
中村健道　早川慈雄　平岡賢三（敬称略）

2009年3月

日本質量分析学会用語委員会（2005～2008年度）

委員長　内藤康秀
委　員　瀧浪欣彦　竹内孝江　豊田岐聡　益田勝吉　吉野健一

利用の手引き

1. この用語集には，マススペクトロメトリーに関する英語の用語と，それぞれに対応する日本語の用語をアルファベット順に収録しています．
2. 用語の検索のために，日本語索引（アイウエオ順）と，略語・記号索引（アルファベット順）をそれぞれ 102 ページと 124 ページに掲載しましたのでご利用ください．
3. 本用語集は，主に日本質量分析学会用語委員会編「マススペクトロメトリー関係用語集（第 3 版）」（2009 年 6 月 10 日発行），マススペクトロメトリー関係用語集追補版 [*J. Mass Spectrom. Soc. Jpn.*, **65**, 76 (2017)] および Definitions of terms relating to mass spectrometry (IUPAC Recommendations 2013) [*Pure Appl. Chem.*, **85**, 1515 (2013)] に掲載された用語を収録し，必要な用語に関しては一部修正，更新を行いました．
4. 各用語にはできる限り明瞭，正確な定義文を付し，また関連する用語を示しました．特に注意が必要な事項は（注）として，また表記例などは（例）として示しました．
5. いくつかの用語はしばしば略語・記号として使用されることがあります．略語・記号は専門分野が異なる場合，異なる意味を持つことがあり，使用することによって誤解を生じさせるおそれもあります．略語・記号を使用する際は，初出時にその略語の定義を明記することが必要です．Da, u, eV, Pa 等の単位記号，および記号として定義されている *m/z* は説明無しに使用することが可能です．標準的な略語・記号については 124 ページからの略語・記号索引（アルファベット順）を参照願います．
6. 娘イオン (daughter ion) のように gender-specific term であることや，原子質量単位 (atomic mass unit: amu) のように本来の定義とは異なる意味で使用されている誤用などの理由により，使用することが推奨されない用語もあります．これらは本文中に明記するとともに 97 ページより非推奨用語の一覧としてまとめました．
7. 商標由来の用語に関しても本文中に明記しました．商標の使用には制限がありますので，適切な同義語がある場合は同義語の使用を推奨します．

用語集（アルファベット順）

absolute quantitation of proteins (AQUA)

AQUA法：生成する断片ペプチドと同じ配列を有する安定同位体標識ペプチドをサロゲート内標準として用いるタンパク質の絶対定量法．

abundance sensitivity

アバンダンス感度：ある *m/z* 値におけるイオンの信号強度と，隣接する *m/z* 値（一価イオンでは±1）におけるイオンの信号強度との比．

注：マススペクトルのピークの裾が隣接する *m/z* 値の位置に重なる割合をピークの強度比で表した値であり，マイナーな同位体イオンピークのイオン強度に対する近傍のイオン強度の強い主要なイオンピーク（主にモノアイソトピックイオンピーク）のテーリングの影響を示す尺度．質量数 m の化学種や同位体と質量数 $m+1$ の化学種や同位体の存在度を識別する能力を表す．その値は質量分析計の質量分解能に依存する．

accelerating potential

加速電位：イオンに並進運動エネルギーを与えるための電位差．

注：同義的に使われる加速電圧 (accelerating voltage) は静的な加速電位の場合のみ適用される．

accelerating voltage

加速電圧：質量分析計において，イオンを加速するために用いられる電位差．

accelerator mass spectrometry (AMS)

加速器質量分析：試料から取り出された原子や分子をイオン化して MeV レベルに加速し，その運動量や電荷，並進運動エネルギーに基づいて分析する質量分析の手法．

acceptance

アクセプタンス：ビーム光学において，最も効率良くビームを受光できるよう調整したときの検出器側の受光能率．一般に質量分析装置や検出器の受光立体角を表す．

accurate mass

測定精密質量：十分な確度で 1 mDa (1×10^{-3} u) 以下まで計測した質量の測定値．組成式を求めるためなどに用いられる．measured accurate mass と同義．exact mass（計算精密質量）とは同義ではない．

accurate mass tag

精密質量タグ：タンパク質の酵素的または化学的な断片化によって得たペプチド混合物からタンパク質の同定を行う際にプロダクトイオンスペクトルを取得しなくても，確度の高いペプチドの質量情報のみで一義的にタンパク質を特定することが可能なペプチドの測定精密質量．ペプチドマスフィンガープリンティング (peptide mass fingerprinting) 参照．

acyl cation

アシルカチオン：アシリウムイオン (acylium ion) の同義語.

acylium ion

アシリウムイオン：$RC{\equiv}O^+$（共鳴構造として $R-C^+=O$）で表わされる偶数電子イオン．アシルカチオン (acyl cation) の同義語.

additivity of mass spectra

マススペクトルの加算性：混合物の各成分がそれぞれある一定の分圧でイオン源に存在していたときの混合物のマススペクトルは，その分圧と等しい圧力でイオン源に単独で存在している成分ごとのマススペクトルを重ね合わせたものと同じになるという性質．質量分析の線形応答性を意味する.

adduct ion

付加イオン：一つ以上の原子あるいは分子に一つもしくは複数のイオン種が付加して生成したイオン．カチオン付加分子 (cationized molecule) 参照.

例：分子 M に Na^+ が付加したイオンは $[M+Na]^+$，NH_4^+ が付加したイオンは $[M+NH_4]^+$, Cl^- が付加したイオンは $[M+Cl]^-$ と表記する.

adiabatic ionization

断熱イオン化：基底状態の原子，分子，イオンから，電子が除去され，基底状態のイオンが生成する過程.

a-ion

a イオン：イオン化したペプチド分子が主鎖の C–C 結合で開裂して生成する N 末端側のフラグメントイオン.

***α*-cleavage**

α-開裂：不対電子を有するイオンにおいて起こる開裂の一種で，見かけ上の不対電子部位（荷電部位）の原子に直結している原子と，その原子の隣の原子の間の結合が開裂するホモリティック開裂．ホモリティック開裂 (homolytic cleavage) 参照.

alkyl cation

アルキルカチオン：芳香族を含まない偶数電子の正電荷飽和炭化水素イオン．カルベニウムイオンの特別な例.

all-glass heated inlet system (AGHIS)

全ガラス製加熱試料導入系：全体がガラスで製作された真空のイオン源に用いる試料導入系．500°C 程度まで加熱でき，質量分析計の真空を開放することなく低蒸気圧の試料を導入できる.

allyl cation

アリルカチオン：$R^1R^2C=CR^3C^+R^4R^5$ 構造とその共鳴構造をもつ偶数電子イオン.

ambient ionization

アンビエントイオン化：質量分析計の外で，自然環境下，前処理なし，もしくは最小限の前処理にて試料から直接分子の脱離とイオンを生成させるイオン化法．たとえば，脱離エレクトロスプレーイオン化 (desorption electrospray ionization: DESI) やリアルタイム直接分析 (direct analysis in real time: DART) が挙げられる．

ambient mass spectrometry

アンビエント質量分析：アンビエントイオン化を用いた質量分析．

analog ion

アナログイオン：アセチルイオン (CH_3CO^+) に対するチオアセチルイオン (CH_3CS^+) のように，イオンを構成している原子が原子価の等しい他の原子で置き換わったイオン．

analyte

分析種：試料中の分析対象となる化学種．

angle resolved mass spectrometry

角度分解質量分析：プリカーサーイオンの散乱角，内部エネルギー移動，イオンおよびその衝突相手の原子，分子の質量について調べ，衝突励起過程の詳細を研究する手法．

anion radical

アニオンラジカル：非推奨用語．ラジカルアニオン (radical anion) の使用を推奨．

anionized molecule

アニオン付加分子：中性分子にアニオン（一価あるいは複数の負電荷をもつ化学種）が付加して生成する負イオン．

例：$[M+Cl]^-$ など

注：アニオン付加分子を擬分子イオン（pseudo-molecular ion あるいは quasi-molecular ion）もしくは分子量関連イオン (molecular-related ion) と表記することは推奨されない．

appearance energy (AE)

出現エネルギー：ある特定のイオンを検出するのに必要なイオン化の最小エネルギー．一般的には，電子イオン化で特定の分子イオンやフラグメントイオンを検出できる電子エネルギーの最小値．出現電圧 (appearance potential) という語は推奨されない．

注：実験的に得られる測定値は，キネティックシフトの違いを反映し，使用する装置の検出感度によって変化する．

appearance potential (AP)

出現電圧：非推奨用語．出現エネルギー (appearance energy) の使用を推奨．

array detector

アレイ検出器：独立した複数のイオン検出素子を直線状や格子状に配置して構成した検出器.

association reaction

会合反応：ゆっくりと運動する単一のイオンと中性種が反応し，解離することなく単一のイオン種を生成する反応．会合性イオン／分子反応 (associative ion/molecule reaction) の同義語.

associative ionization

会合性イオン化：中性の励起原子 A^* または励起分子 M^* が原子あるいは分子と会合して電子を放出し単一の正イオンが生成する過程．相手の原子あるいは分子も励起状態にある場合を含む．解離性イオン化 (dissociative ionization) およびペニングイオン化 (Penning ionization) 参照.

associative ion/molecule reaction

会合性イオン／分子反応：一つのイオンが中性種と反応して結合し，単一のイオン種を生成する反応.

atmospheric pressure chemical ionization (APCI)

大気圧化学イオン化：大気圧下で行われるイオン化の一つ．送液管の出口付近を加熱し，送液方向と同方向に出口のまわりから窒素ガスなどの高温のネブライズガスを流す加熱噴霧によって気化させた試料分子をコロナ放電もしくはβ線を放出する ^{63}Ni イオン源で生成させた溶媒分子もしくは大気成分由来の反応イオンとのイオン分子反応によりイオン化する方法．化学イオン化 (chemical ionization) 参照.

atmospheric pressure ionization (API)

大気圧イオン化：大気圧下で行われるイオン化の総称.

注：大気圧化学イオン化 (atmospheric pressure chemical ionization) と同義ではない．大気圧化学イオン化 (atmospheric pressure chemical ionization) はエレクトロスプレーイオン化 (electrospray ionization) や液体イオン化 (liquid ionization) などと同じ大気圧イオン化 (atmospheric pressure ionization) の一種である.

atmospheric pressure matrix-assisted laser desorption/ionization (AP MALDI)

大気圧マトリックス支援レーザー脱離イオン化：大気圧下におかれた試料ターゲットにレーザーを照射して行われるマトリックス支援レーザー脱離イオン化．マトリックス支援レーザー脱離イオン化 (matrix-assisted laser desorption/ionization) 参照.

atmospheric pressure photoionization (APPI)

大気圧光イオン化：大気圧下で光励起によって電子脱離を誘起させ，分子から直接正の分子イオンを生成させるイオン化．または溶媒に添加したドーパントから光イオン化とそれに続くイオン／分子反応によって反応イオンを生成させる大気圧化学イオン化．大気圧化学イオン化 (atmospheric pressure chemical ionization) 参照.

atmospheric pressure spray

大気圧スプレー：液体クロマトグラフのキャピラリーの先端などから流出する溶液試料を，大気圧下で加熱，圧搾気流，超音波などによって噴霧すること．電解質を含む場合には噴霧と同時にイオン化も起こる．

atomic mass unit (amu)

原子質量単位：非推奨用語．1960 年代初頭まで，酸素原子の質量を基準に定義されていた原子質量の単位．現在は廃止されている．物理学では質量数 16 の酸素原子の 16 分の 1，化学では同位体存在比を考慮した酸素原子の加重平均質量の 16 分の 1 と定義され，異なる二種類の定義が混在していた．統一原子質量単位 (unified atomic mass unit) 参照．

atomic weight

原子量：ある元素について，同位体の質量に各同位体の存在比を重率として掛けて求めた加重平均値の統一原子質量単位に対する比（無次元量）．相対原子質量 (relative atomic mass) とも呼ばれる．同位体の天然存在比は変動するため，国際純正・応用化学連合 (IUPAC) から信頼できる最新の同位体比実測値に基づく原子量の推奨値が定期的に報告されており，これを標準原子量 (standard atomic weight) と呼ぶ．統一原子質量単位 (unified atomic mass unit) 参照．

autodetachment

自動電子脱離：電子脱離の閾値よりも大きな内部エネルギーをもつ負イオンが，何ら相互作用を受けずに自発的に電子を放出して中性化すること．自動イオン化 (autoionization) 参照．

autoionization

自動イオン化：イオン化エネルギーより大きな内部エネルギーをもつ中性の励起原子 A^* あるいは励起分子 M^* が，何ら相互作用を受けずに自発的に電子を放出してイオン化すること．

$$M^* \rightarrow M^{+\bullet} + e^-$$

自動電子脱離 (autodetachment) 参照．

auxiliary gas

溶媒脱離補助ガス：イオン源内で脱溶媒するためにネブライズガスに補助的に加えるガスのこと．

average mass

平均質量：原子の平均質量は，元素を構成する各同位体の質量にその存在比を重率として掛けて求めた加重平均値．分子の平均質量はその分子を構成するすべての原子の平均質量の和であり，統一原子質量単位やダルトンで表記した場合，数値的には分子量の値に近似する．イオンの精密な平均質量を計算する場合は電子の増減を考慮する必要がある．質量分析ではモノアイソトピックピークと同位体ピークとの分離が困難な場合には測定値を平均質量と比較することが多い．モノアイソトピック質量 (monoisotopic mass) 参照．

axial ejection

軸方向排出：イオントラップからトラップ主軸と平行な方向へのイオンの排出．

axialization

軸回帰：トラップの中心付近にイオンが閉じ込められるように並進運動を抑制するフーリエ変換イオンサイクロトロン共鳴質量分析計で用いられる技法．これにより質量分解能などの性能が最大限に引き出される．

background mass spectrum

バックグラウンドマススペクトル：試料を導入しない状態で得られるマススペクトル．残留マススペクトル (residual mass spectrum) 参照．

base peak (BP)

基準ピークまたは**ベースピーク**：マススペクトル中で最大の強度をもつピーク．

base peak chromatogram (BPC)

基準ピーククロマトグラムまたは**ベースピーククロマトグラム**：ハイフネーテッド法において，保持時間の関数として連続して記録された各マススペクトルの基準ピークの信号強度を保持時間に対してプロットすることによって得られるクロマトグラム．ハイフネーテッド法 (hyphenated method) 参照．

base peak ion chromatogram

基準ピークイオンクロマトグラムまたは**ベースピークイオンクロマトグラム**：基準ピーククロマトグラム (base peak chromatogram) の同義語．

bath gas

緩衝ガス：バッファーガス (buffer gas) の同義語．

beam mass spectrometer

ビーム型質量分析計：イオン源で加速されたイオンのビームが一つまたは複数の質量分析部を透過した後に検出器に到達する構造の質量分析計．

$B[1-(E/E_0)]^{1/2}/E$ linked scan

$B[1-(E/E_0)]^{1/2}/E$ リンク走査：非推奨用語．$B[1-(E/E_0)]^{1/2}/E$ 一定リンク走査 (linked scan at constant $B[1-(E/E_0)]^{1/2}/E$) を推奨．

B/E linked scan

B/E リンク走査：非推奨用語．B/E 一定リンク走査 (linked scan at constant B/E) を推奨．

B^2/E linked scan

B^2/E リンク走査：非推奨用語．B^2/E 一定リンク走査 (linked scan at constant B^2/E) を推奨．

benzyl ion

ベンジルイオン：トルエンと同じ炭素骨格構造を有し，メチル基側鎖から水素原子を一つ失った偶数電子のカチオン．$C_7H_7^+$．トロピリウムイオン (tropylium ion) およびトリルイオン (tolyl ion) 参照．

b-ion

b イオン： イオン化したペプチド分子の主鎖のペプチド結合（カルボニル基とアミノ窒素の間の酸アミド結合，C–N 結合）が開裂して生成する N 末端側のフラグメントイオン．

blackbody infrared radiative dissociation (BIRD)

黒体赤外放射解離： 赤外多光子解離の特殊な事例であり，イオントラップ内に閉じ込められたイオンが，加熱された真空容器などからの黒体放射のため内部エネルギーを得て解離する現象．赤外多光子解離 (infrared multiphoton dissociation) 参照．

bottom-up proteomics

ボトムアッププロテオミクス： 液体クロマトグラフィーや質量分析を行う前に試料タンパク質の断片化を行い，断片ペプチドの混合物を質量分析することによってタンパク質の同定を行うプロテオミクス．ゲル電気泳動によって単離されたタンパク質画分を消化し分析する場合や，細胞抽出液由来のタンパク質混合物を消化して得た複雑な断片ペプチドの混合物を液体クロマトグラフィー質量分析によって分析するショットガンプロテオミクスなどの方法がある．トップダウンプロテオミクス (top-down proteomics) の対語．

Brubaker lens

ブルベイカーレンズ： 透過型四重極質量分析計において，四重極分析部の入口に補助的に配置された短い四重極．この四重極には分析部本体に印加する交流電位に同期した交流電位を印加するが，直流電位を印加しない．したがってブルベイカーレンズは低 m/z 域のカットフィルターとして作用するが，イオンは四重極の交流電位を感受した後に分析部本体の直流電位を感受するので端縁場によるイオン軌道の発散を抑制する作用が得られる．これにより，透過型四重極質量分析計の質量分解能設定値に対するイオン透過率が大幅に向上する．

Brubaker pre-filter

ブルベイカー前置フィルター： ブルベイカーレンズ (Brubaker lens) の同義語．

buffer gas

緩衝ガスまたは**バッファーガス：** イオントラップまたは四重極イオンガイドなどで，イオンの内部エネルギーや並進運動エネルギーを緩和するために用いられる気体．

calculated exact mass

計算精密質量： exact mass の同義語．

calibration (in mass spectrometry)

較正：（質量分析の分野では）質量較正 (mass calibration) の同義語．

capillary electrophoresis/mass spectrometry (CE/MS)

キャピラリー電気泳動質量分析：キャピラリー電気泳動装置と質量分析計を結合した装置を用いて行う分析方法.

注：ハイフン (-) を用いて capillary electrophoresis-mass spectrometry (CE-MS) と表記することも可能.

capillary exit fragmentation

キャピラリー出口分解：非推奨用語．同義語のインソース衝突誘起解離 (in-source collision-induced dissociation) の使用を推奨.

capillary-skimmer collision-induced dissociation

キャピラリー・スキマー衝突誘起解離：エレクトロスプレーイオン化において，生成した帯電液滴を通過させるキャピラリーの出口とスキマー間に電位差をかけることにより，中性ガス（低真空度のイオン源であるため通常は残留空気）と衝突したイオンが衝突誘起解離する現象．ノズル・スキマー衝突誘起解離 (nozzle-skimmer collision-induced dissociation) または単にスキマー衝突誘起解離 (skimmer collision-induced dissociation) ともいう．衝突誘起解離 (collision-induced dissociation) およびスキマー (skimmer) 参照.

carbanion

カルボアニオンまたは**カルバニオン：**3 本の結合と 1 対の非共有電子対を持ち，最外殻に 8 個の電子を有する炭素原子上に負電荷の大部分が存在しているイオン．たとえば $R^1R^2R^3C^-$ の構造のイオン.

carbenium ion

カルベニウムイオン：1 個の空の p 軌道を有する 3 価の炭素原子を少なくとも一つの重要な寄与構造として含むカルボカチオン．一般的には炭素原子上に電荷が局在化した低原子価の偶数電子をもつイオン．一般式は $R^1R^2R^3C^+$（但し R は任意の有機構造を示す).

注：これらのイオンはかつてカルボニウムイオンに分類された．両者ともまとめてカルボカチオンに分類される.

carbocation

カルボカチオン：炭素原子上に配置された余剰正電荷を持つ偶数個の電子を含んだカチオン．カルベニウムイオン，カルボニウムイオン，不対電子の遊離による炭素中心フリーラジカルから生じたカチオンを含む一般的な用語.

注：これらのカルボカチオンは対応するラジカルの名前に「カチオン」という語を加えて名づけられたかもしれないが構造を意味していない.（たとえば，3 または 5 配位の炭素原子が存在するかどうかなど.）

carbonium ion

カルボニウムイオン：5 番目の共有結合（たとえば H_5C^+）を伴う炭素原子に上に電荷が存在する偶数電子超原子価カルボカチオン．試薬ガスとしてメタンを使用した化学イオン化によって最も多く生成する試薬イオンを指す.

注：現在ではカルベニウムイオン (carbenium ions) を指すタイプのイオンを表すために使われた旧語.

cationized molecule

カチオン付加分子：中性分子にカチオン（一つあるいは複数の正電荷をもつ化学種）が付加して生成する正イオン.

例：$[M + Na]^+$, $[M + K]^+$, $[M + NH_4]^+$

注：カチオン付加分子を擬分子イオン（pseudo-molecular ion あるいは quasi-molecular ion）および分子量関連イオン (molecular-related ion) と表記することは推奨されない.

cation radical

カチオンラジカル：非推奨用語．ラジカルカチオン (radical cation) の使用を推奨.

center-of-mass collision energy

重心系衝突エネルギー：衝突励起過程において，入射イオンと衝突対象との相対運動のエネルギーを重心座標系で表現した値．1 回の衝突によって入射イオンが得る内部エネルギーの上限を指す．入射イオンの並進運動エネルギー（実験室系衝突エネルギー）を E_{lab}，入射イオンの質量を M_i,，静止しているとみなした衝突ガス粒子の質量を M_n とすれば，重心系衝突エネルギー E_{cm} は次の式で与えられる.

$$E_{cm} = E_{lab}[M_n/(M_n + M_i)]$$

たとえば，5 keV に加速した質量 1,000 u の一価イオンが，静止した He 原子と衝突する場合，重心系衝突エネルギーは 19.9 eV になる．重心系衝突エネルギーは重心系運動エネルギー (center-of-mass kinetic energy) とも呼ばれる．実験室系衝突エネルギー (laboratory collision energy) 参照.

center-of-mass kinetic energy

重心系運動エネルギー：重心系衝突エネルギー (center-of-mass collision energy) の同義語.

centroid acquisition

セントロイドアクイジション：マススペクトル記録方法の一つで，観測されたピークの重心点の *m/z* 値とそのピーク強度のみが記録される．コンティニウムアクイジション (continuum acquisition), プロファイルモード (profile mode) 参照.

channel electron multiplier

チャンネル電子増倍管：連続ダイノード電子増倍管 (continuous dynode electron multiplier) の同義語.

channel electron multiplier array (CEMA)

チャンネル電子増倍管アレイ：マイクロチャンネルプレート (microchannel plate) の同義語.

channeltron

チャンネルトロン：連続ダイノード電子増倍管 (continuous dynode electron multiplier) の同義語.

charged residue model

帯電残滓モデル：エレクトロスプレーイオン化において，高度に帯電した高分子が生成することを説明する理論モデル．このモデルではエレクトロスプレーによって生成する帯電液滴中の電荷が脱溶媒により移動して液滴内に閉じ込められ高分子に電荷を与える．イオン蒸発モデル (ion evaporation model) 参照．

charge exchange ionization

電荷交換イオン化：反応イオンと中性の原子あるいは分子との間で電子が移動するイオン分子反応．反応イオンは中性化し，中性種はイオン化するが，その過程でどちらも解離しない．

charge exchange reaction

電荷交換反応：イオンと中性種もしくはイオン同士が反応し，その結果，電荷の全部または一部が移動する反応の総称．電荷移動反応 (charge transfer reaction) と同義だが，純粋な電子交換過程だけを表すときに用いられることが多い．

charge inversion mass spectrum

電荷反転マススペクトル：電荷反転反応によって生じたイオンを *m/z* 値に基づいて分離し，存在比率を測定したマススペクトル．

charge inversion reaction

電荷反転反応：プリカーサーイオン $M^{+\cdot}$ または $M^{-\cdot}$ を，衝突ガス X などに衝突させてそれぞれ $M^{-\cdot}$ または $M^{+\cdot}$ のように電荷の符号が反転した生成イオンを得る過程．

$$M^{+\cdot} + X \rightarrow M^{-\cdot} + X^{2+}$$

$$M^{-\cdot} + X \rightarrow M^{+\cdot} + X^{-\cdot} + e^{-}$$

charge mediated fragmentation

チャージメディエイテッドフラグメンテーション：見かけ上の荷電部位に隣接した結合が開裂するフラグメンテーション．チャージリモートフラグメンテーション (charge remote fragmentation) に対比される．

charge number

電荷数：イオンの総電荷量 q の絶対値を電気素量 e で割った量で，整数値をもち記号 z で表す．

$$z = |q/e|$$

m/z 参照．

charge permutation reaction

電荷変換反応：イオンが中性種と反応し，その結果，反応イオンの電荷数や電荷の符号が変化する反応の総称．

charge remote fragmentation (CRF)

チャージリモートフラグメンテーション：見かけ上の荷電部位とは隣接していない結合が開裂するフ

ラグメンテーション．$[M+H]^+$, $[M+Na]^+$などの閉殻イオンすなわち偶数電子イオンの高エネルギー衝突誘起解離においてしばしば起こり，分子構造情報を反映することが多いので構造解析に利用される．長いアルキル鎖の同定やアルキル鎖中の不飽和結合の位置決定に有用．リモートサイトフラグメンテーション (remote site fragmentation) と称することもある．チャージメディエイテッドフラグメンテーション (charge mediated fragmentation) に対比される．

charge site derivatization

電荷誘導体化：溶液の環境にかかわらず常に荷電している多原子イオンを生成するために行う誘導体化．エレクトロスプレーイオン化やマトリックス支援レーザー脱離イオン化におけるイオンの生成効率を上げる目的や，構造解析が容易になるフラグメンテーションを起こりやすくするために施す．たとえば四級のアンモニウム基やホスフォニウム基を有する化合物を利用する誘導体化などがある．

charge stripping reaction (CSR)

電荷はぎ取り反応：z 価の正イオン M^{z+} が衝突ガスや固体表面などと衝突することにより，電子を放出して $M^{(z+r)+}$ イオンとなる反応．電離衝突の特殊な場合としてこのような現象がある．また，高速の入射イオンと中性種との衝突において，衝突速度が入射イオンの軌道電子の速度より大きくなると，電子交換は起こりにくくなり，次のような電荷はぎ取り反応が優先するようになる．

$$M^{z+} + X \rightarrow M^{(z+r)+} + re^- + (X^{s+} + se^-)$$

加速器で加速した高速の中性原子線やイオンビームを高密度の衝突ガスや薄膜（フォイル）中を通過させて，高電離多価イオンビームを生成するのに利用される．

charge transfer reaction

電荷移動反応：電荷交換反応 (charge exchange reaction) の同義語．類似語として，反応イオンの電荷数が変化するイオン／ニュートラル反応 (ion/neutral reaction) の総称には荷電変換反応 (charge permutation reaction)，イオンが中性種から電子を捕獲する反応には電子捕獲反応 (electron capture reaction)，軌道電子の速度を超える高速の衝突で電子交換が起こりにくくなり電子がはぎ取られる反応には電荷はぎ取り反応 (charge stripping reaction) など，電子移動の様子に応じて使い分けがなされる．

chemical ionization (CI)

化学イオン化：試薬ガスから生成された $[R+H]^+$ や X^- などの反応イオンと試料分子 M との反応により，試料分子 M をイオン化させる方法．プロトンの付加や脱離，ヒドリドの脱離，電子の移動，またはイオンの付加反応などが起こる．

$$[R+H]^+ + M \rightarrow [M+H]^+ + R$$

$$C_2H_5^+ + M \rightarrow [M-H]^+ + C_2H_6$$

$$X^- + M \rightarrow [M-H]^- + HX$$

注 1：主に正イオンが生じる化学イオン化に対して使用され，負イオンが生じる化学イオン化は特に負イオン化学イオン化 (negative ion chemical ionization) と呼ばれる．負イオン化学イオン化 (negative ion chemical ionization) 参照．

注 2：化学電離 (chemi-ionization) とは同義語ではない．

chemi-ionization

化学電離：励起された原子や分子などと中性種との反応で，新しく結合が生成することによって起こるイオン化．会合性イオン化の一種．化学反応をともなわないペニングイオン化とは異なる．会合性イオン化 (associative ionization) 参照．

注：化学イオン化 (chemical ionization) とは同義語ではない．

chromatogram

クロマトグラム：クロマトグラフィーによって得られる分離状態を表した図（チャート）．横軸に時間または溶出体積，縦軸に物質の量，濃度，検出器の信号出力などをとって表す．

chromatograph

クロマトグラフ：クロマトグラフィーを行うための分析装置．

chromatography

クロマトグラフィー：固定相と移動相を用いて，それぞれの相に対する試料分子の親和性の差を利用して混合試料を分離する技法．

c-ion

c イオン：イオン化したペプチド分子の主鎖のペプチド結合ではない C–N 結合（N–C_{α}結合）で開裂して生成する N 末端側のフラグメントイオン．

cleavage

開裂：共有結合の切断のこと．ホモリティック開裂とヘテロリティック開裂とがある．特定の共有結合の切断機構を意識して用いられる用語であり，フラグメンテーション (fragmentation) や解離 (dissociation) との使い分けに注意する必要がある．

cluster ion

クラスターイオン：二つ以上の原子もしくは分子と一つもしくは複数のイオン種が非共有的な結合力によって凝集し形成されたイオン．

例：$[(H_2O)_nH]^+$, $[(H_2O)_n(CH_3OH)_mH]^+$, $[(NaCl)_nNa]^+$, Au_{10}^-,
$[M + Na + CH_3OH]^+$, $[(CsI)_nCs]^+$, $[(CsI)_nI]^-$.

coaxial reflectron

同軸型リフレクトロン：イオン源および初段の飛行時間型質量分析部と主軸が一直線に並ぶように配置したリフレクトロン．

collector slit

コレクタースリット：磁場セクター型質量分析計において，m/z により空間的に分離されたイオンから特定の m/z のイオンのみを検出部に導入するために設けられたスリット．

collisional activation (CA)

衝突活性化：衝突励起 (collisional excitation) の同義語.

collisional excitation

衝突励起：並進運動エネルギーをもって飛行するイオンが希ガスなどの衝突ガスとの衝突により，重心系衝突エネルギーの一部または全部が内部エネルギーに変換され，電子励起，振動・回転励起が起こること．重心系衝突エネルギー (center-of-mass collision energy) 参照.

collisional focusing

衝突収束または**衝突集束：**高周波イオントラップ（ポールイオントラップとリニアイオントラップ)，透過型四重極において，緩衝ガスとの衝突によりイオンの並進運動エネルギーが減じ，イオントラップの中心または四重極の軸方向にイオンが集中する効果．この効果はイオン散乱が支配的となる緩衝ガス圧に達するまで増大する.

collisionally activated dissociation (CAD)

衝突活性化解離：衝突誘起解離 (collision-induced dissociation) の同義語.

collision cell

衝突セル：空間的タンデム質量分析を行う質量分析計を用い衝突誘起解離を行う際，加速したイオンを衝突ガスと衝突させ，解離を起こさせる場所．2 台の質量分析部の間，もしくはイオン源と 1 段目の質量分析部との間に置かれている.

collision chamber

衝突室：衝突セル (collision cell) の同義語.

collision gas

衝突ガス：衝突励起や衝突によるイオン分子反応を起こすために用いられるガス.

collision-induced dissociation (CID)

衝突誘起解離：衝突励起によって起こるイオンのフラグメンテーション．衝突活性化解離 (collisionally activated dissociation) ともいう．衝突励起 (collisional excitation) 参照.

collision quadrupole

四重極衝突室または**四重極衝突セル：***m/z* 値によるイオンの分離を目的とせず，衝突ガスまたは緩衝ガス中にイオンを透過させ，低 *m/z* カットオフ以外のすべての *m/z* のイオンビームを収束させるための高周波電位を印加した透過型四重極．RF オンリー四重極 (RF-only quadrupole) ともいう．また四重極以外の多重極を用いても実現できる．イオンガイド (ion guide) 参照.

collision reaction cell (CRC)

衝突反応セル：誘導結合プラズマ質量分析において，元素イオンに干渉する妨害イオン種を電荷交換反応またはイオンニュートラル反応により断片化もしくは中性化し除去するための衝突セル．交流電圧を印加した六重極または八重極などで構成される．誘導結合プラズマ質量分析 (inductively coupled plasma mass spectrometry) 参照．

complex ion

複合体イオン：異種の原子または分子が結合してできたイオン．主にスパークイオン源質量分析で用いられる用語．

concentric nebulizer

同軸型ネブライザー：中心に位置する細管内を液体が流れ，その細管の外側を分散ガス流が流れる圧縮空気を用いたネブライザー．

cone voltage dissociation

コーン電圧解離：非推奨用語．同義語のインソース衝突誘起解離 (in-source collision-induced dissociation) を推奨．

consecutive reaction monitoring (CRM)

連続反応モニタリング：$n \geqq 3$ の MS^n により，特定の連続した多段階のフラグメンテーションや多段階の 2 分子反応によって生成したプロダクトイオンを計測すること．MS^n 参照．

constant neutral loss scan

コンスタントニュートラルロススキャン：2 台以上の質量分析部を接続したタンデム質量分析計を用いて，準安定イオン分解や衝突誘起解離によって生じるコンスタントニュートラルマスロススペクトルを測定する走査法．

constant neutral loss spectrum

コンスタントニュートラルロススペクトル：コンスタントニュートラルマスロススペクトル (constant neutral mass loss spectrum) と同義．

constant neutral mass gain scan

コンスタントニュートラルマスゲインスキャン：2 台以上の質量分析部を接続したタンデム質量分析計を用いて，衝突ガスとのイオン分子反応によって生じるコンスタントニュートラルマスゲインスペクトルを測定する走査法．

constant neutral mass gain spectrum

コンスタントニュートラルマスゲインスペクトル：衝突ガスとのイオン分子反応によって特定の m/z 値の増加が生じた全てのプロダクトイオンを観測したマススペクトル．

constant neutral mass loss spectrum

コンスタントニュートラルマスロススペクトル：断片化により特定の質量の中性種が脱離するすべてのプリカーサーイオンを記録したマススペクトル．タンデム質量分析計を用いて 1 段目と 2 段目の質量分析部で通過させるイオンの m/z の差が常に一定になるように走査し，プリカーサーイ

オンの *m/z* として記録したマススペクトル．設定する *m/z* の差は，中性種の質量とプリカーサーイオンの電荷数から算出する．コンスタントニュートラルマスゲインスペクトル (constant neutral mass gain spectrum) 参照.

continuous dynode electron multiplier

連続ダイノード電子増倍管：イオンを二次電子に変換するイオン検出器の一種．検出器の連続した管の内壁イオンが衝突して発生する二次電子が放出される．その二次電子が管の内壁に衝突すると，さらに多数の二次電子が放出される．検出器の内壁に衝突を繰り返すことでさらに多くの二次電子を発生させる電子なだれ効果により，最終的には出力パルス電流が増大して電流信号が観測される．表面に電子放出層をもつ半導体セラミック製の管状ダイノードで構成する電子増倍管の呼称であり，独立した多段のダイノード電極を有する通常の電子増倍管（ディスクリートダイノード電子増倍管，discrete dynode electron multiplier）とは区別される．contininuous dynode particle multiplier と英語表記される場合もある．チャンネル電子増倍管 (channel electron multiplier)，または単にチャンネルトロン (channeltron) とも呼ばれる．二次電子増倍管 (secondary electron multiplier) 参照.

continuous dynode particle multiplier

連続ダイノード電子増倍管：continuous dynode electron multiplier と同義.

continuous flow fast atom bombardment (CF-FAB)

連続フロー高速原子衝撃：高速原子衝撃の一種で，液体マトリックスと分析種の液状混合物をサンプルプローブに連続的に供給する技法．高速原子衝撃 (fast atom bombardment) 参照.

continuous-flow matrix-assisted laser desorption/ionization (CF-MALDI)

連続フローマトリックス支援レーザー脱離イオン化：マトリックス支援レーザー脱離イオン化の一技法で，試料溶液とマトリックス溶液を混合し，連続的にプローブに導入してイオン化する方法.

continuum acquisition

コンティニュアムアクイジション：マススペクトル記録方法の一つで，検出器の出力波形をデジタル化してデータの処理を行わずに直接蓄積する．プロファイルアクイジション (profile acquisition)，プロファイルモード (profile mode) ともいう．セントロイドアクイジション (centroid acquisition) 参照.

conversion dynode

コンバージョンダイノード：検出対象のイオンが衝突すると電子または二次イオンを発生するように高電圧を印加した表面.

corona discharge

コロナ放電：気体放電の一形式．導体間の電界が均一でないとき，表面の電界の大きいところに部分的絶縁破壊が起こって現れる発光放電で，光は弱い．尖端放電，沿面放電，ブラシ放電はこの一種である.

corona discharge ionization

コロナ放電イオン化：コロナ放電によるイオン生成.

Coulomb explosion

クーロン爆発：

(1) 多価クラスターイオン M_n^{z+} がクーロン斥力により複数の正イオンに分離崩壊する現象

(2) エレクトロスプレーイオン化の機構において，帯電液滴が乾燥とともに体積が縮小して表面電荷密度が増大し，クーロン斥力が表面張力を超えたときに帯電液滴が破裂してより小さな帯電液滴になる現象. レイリー極限 (Rayleigh limit) 参照.

counter-current gas

対向流ガス：エレクトロスプレーやその他のスプレーイオン源で噴霧された液滴から溶媒を気化させるガス流. 加熱したガスを用いることが多い. ガス流はスプレーイオン源に対して対向である. 乾燥ガス (drying gas)，カーテンガス (curtain gas) 参照.

counter electrode

カウンター電極：エレクトロスプレーイオン源内の二つの電極のうちの高電圧を印加している電極. もう一方はエレクトロスプレーニードルである.

crossed electric and magnetic fields

交差場：互いに直角に配向させた電場と磁場. ウィーンフィルター (Wien filter) 参照.

cross-flow nebulizer

直交ネブライザー：細管から伸びた液柱に対して 90 度の角度で吹き付ける圧縮ガス.

curtain gas

カーテンガス：《商標》真空を維持するオリフィスプレート（細孔をもつ金属板）と，大気圧側に配置された別のオリフィスプレートとの間からスプレーイオン源側に向かって流れる対向流ガス. この用語の使用は商標登録された製品の記述に対してのみ認められる.

curved field reflectron

カーブドフィールドリフレクトロン：反射電場が非線形であるリフレクトロン. 反射電場を発生する静電レンズ電圧は通常，円の方程式 $R^2 = V^2 + x^2$ を基に決定している. ここで x はリフレクトロンの入り口からの距離，V は電圧，R は定数. リフレクトロン (reflectron) 参照.

cycloidal mass spectrometer

サイクロイド型質量分析計：非推奨用語. トロコイド型質量分析計 (prolate trochoidal mass spectrometer) の使用を推奨.

cyclotron motion

サイクロトロン運動：電荷 q をもった粒子が，磁束密度 B において速度 v で運動するときの粒子の円運動．これはローレンツ力 $qv \times B$ の結果として生じる．

dalton (Da)

ダルトン：統一原子質量単位に等しい質量の単位．記号 Da．非 SI 単位であるが，SI 単位と一緒に使用できる．統一原子質量単位 (unified atomic mass unit) 参照．

例：10 kDa, 1 MDa, 10 mDa など．

Daly detector

デイリー型検出器：コンバージョンダイノード，蛍光面，光電子増倍管で構成されるイオン検出器．イオンがコンバージョンダイノードに衝突した際に発生する電子を加速して蛍光面に照射し，発生した蛍光を光電子増倍管によって検出する．コンバージョンダイノード (conversion dynode) 参照．

data-dependent acquisition

データ依存的取得法：コンピューターソフトウェアを利用したタンデム質量分析における自動データ取得法の一種．予めプリカーサーイオンを特定せず，サーベイスキャンと呼ばれている予備的な測定を最初に実行し，観測されたイオンの中からイオン強度や電荷数など予め設定した条件を満たすプリカーサーイオンからのプロダクトイオンの測定をサーベイスキャンに続いて自動的に行う分析法．

daughter ion

娘イオン：非推奨用語．性別とは無関係のイオンに対して明らかに女性を意味する「娘」を用いることは適切ではない．同義語のプロダクトイオン (product ion) の使用を推奨．

daughter ion analysis

娘イオン分析：非推奨用語．同義語のプロダクトイオン分析 (product ion analysis) の使用を推奨．

daughter ion scan

娘イオンスキャン：非推奨用語．同義語のプロダクトイオンスキャン (product ion scan) の使用を推奨．

daughter ion spectrum

娘イオンスペクトル：非推奨用語．同義語のプロダクトイオンスペクトル (product ion spectrum) の使用を推奨．

deconvoluted mass spectrum

デコンボリューションマススペクトル：マススペクトル上に観測されている多価イオンも含めた混合物のピーク群（混合波形）からある特定の成分由来のピークを分離・抽出するための最適化アルゴリズムによって処理されたスペクトル．

注：デコンボリューションマススペクトルの例としては，装置固有の測定値の偏りを補正したスペクトルや混合物を測定したスペクトルから特定の化合物由来の情報だけを抽出したスペクトル，多価イオンとして検出された生体高分子のエレクトロスプレーイオン化マススペクトルを 1 価イオンの m/z もしくは分子（中性種）の統一原子質量単位もしく

はダルトンを用いた質量に変換したスペクトルなどがある．

deconvolution

デコンボリューション：一般的には信号解析において応答システムの特性を除算する数学的処理を指すが，質量分析ではマススペクトル上に観測されている多価イオンも含めた混合物のピーク群（混合波形）からある特定の成分由来のピークを分離・抽出するための最適化アルゴリズムによって処理する演算処理をいう．

delayed extraction (DE)

遅延引き出しまたは**ディレイドエクストラクション**：パルス的な脱離イオン化で生じたイオンに対し，一定時間の後に引き出し電圧を印加する方法．飛行時間型質量分析計においてイオンの並進運動エネルギーを収束できる．これにより飛行時間分解能が向上し，質量分解度の高いスペクトルが得られる．なお，delayed extraction は商標であるが，製品固有技術の名称に限られず一般的な用語として定着している．

delta notation

デルタ表記：同位体比相対偏差を表記する際，$\delta = [(R_{\mathrm{sample}} - R_{\mathrm{standard}})/R_{\mathrm{standard}}] \times 1000$（$R$ は同位体比）の式で与えられる同位体デルタ値として千分率で表記する方法．同位体比相対偏差 (relative isotope-ratio difference, relative difference of isotope ratios)，同位体デルタ値 (isotope delta) 参照．

deprotonated molecule

脱プロトン分子または**脱プロトン化分子**：中性分子 M からプロトン H^+ が引き抜かれて生成した負イオン $[M-H]^-$．高速原子衝撃やエレクトロスプレーイオン化の負イオン測定で観測される．プロトン付加分子 (protonated nolecule) 参照．

Derrick shift

デリックシフト：MIKE 法を用いた衝突誘起解離において，衝突ガスのイオン化などによるプリカーサーイオンの並進運動エネルギーの損失が，プロダクトイオンの並進運動エネルギーの減少をひき起こし，その結果 MIKE スペクトルにおけるプロダクトイオンのピーク位置がシフトする現象．MIKE 法 (mass-analyzed ion kinetic energy spectrometry) 参照．

desorption chemical ionization (DCI)

脱離化学イオン化：インビーム化学イオン化において，サンプルプローブを急速に加熱することで試料を瞬時に気化（脱離）させ，イオン化させる方法．インビーム法 (in-beam method) 参照．

desorption electron ionization (DEI)

脱離電子イオン化：インビーム電子イオン化において，サンプルプローブを急速に加熱することで試料を瞬時に気化（脱離）させ，イオン化させる方法．インビーム法 (in-beam method) 参照．

desorption electrospray ionization (DESI)

脱離エレクトロスプレーイオン化：大気圧下にある試料表面に向けて，エレクトロスプレーイオン化のスプレイヤーから帯電液滴と溶媒イオンを吹き付けることによって，試料表面から気相イオンを生成する方法．アンビエントイオン化 (ambient ionization) 参照．

desorption ionization (DI)

脱離イオン化：熱，高電界，粒子衝撃，光照射などの活性化作用による，固体あるいは液体の試料表面からの気相イオンの生成．

例：電界脱離 (field desorption)，高速原子衝撃 (fast atom bombardment)，マトリックス支援レーザー脱離イオン化 (matrix-assisted laser desorption/ionization) など．

desorption ionization on silicon (DIOS)

シリコン上脱離イオン化：多孔質シリコン (porous silicon) などの表面に特殊な微細構造を有するプレートに試料分子を付着させ，パルスレーザー光照射によって脱離イオン化させる方法．表面支援レーザー脱離イオン化 (surface-assisted laser desorption/ionization) 参照．

detection limit

検出限界または**検出下限**：相対検出限界 (relative detection limit) の同義語．

diagnostic ion

診断用イオン：プリカーサーイオンの構造や元素組成情報を示すプロダクトイオン．たとえば，電子イオン化マススペクトルにおいてフェニルカチオンはベンゼンおよびその誘導体の診断用イオンである．

dielectric barrier discharge ionization

誘電体バリア放電イオン化：コロナ放電が起こらないように誘電体（絶縁体）で被覆した電極間にプラズマを発生させてイオン化を行う大気圧化学イオン化法．

differential pumping

差動排気：大きな圧力差があるとき，隔壁によりコンダクタンスの小さないくつかの部屋を設け，その隔壁間を排気しながら徐々に真空度を上げていく方法．

diffusion pump

拡散ポンプ：油または水銀の蒸気の流れが気体分子の拡散を一方向に抑えることを利用した真空ポンプ．一般に 10^{-3}〜10^{-6} Pa 程度に排気できるが，10^{-5} Pa 程度まで排気できる補助ポンプを必要とする．質量分析装置の分析部の真空排気によく用いられていたが，最近はあまり使われなくなってきた．

dimeric ion

二量体イオン：二量体のイオン化，あるいはモノマーイオンと中性モノマーとの会合によって生成したイオン．$[M_2]^{+\cdot}$のように表される．付加イオン (adducr ion) 参照．

d-ion

d イオン：プロトン付加ペプチドが高エネルギー衝突誘起解離によって生成するプロダクトイオンの一種．断片の C 末端アミノ酸残基の側鎖にγ炭素が存在する場合，a イオンのγ炭素以降の部分が解離し，断片の C 末端側のアミノ酸残基が –CO–CH = CH–R′ の構造となる．

direct analysis in real time (DART)

リアルタイム直接分析：《商標》大気圧下で励起状態にある分子もしくは原子を含むガスと試料との相互作用により，固体もしくは液体の試料からイオンを形成するイオン化法．通常，その励起状態種は窒素もしくはヘリウムのグロー放電によって生成する．アンビエントイオン化 (ambient ionization) 参照．

注：この用語の使用は商標登録された製品の記述に対してのみ認められる．

direct analysis of daughter ions (DADI)

娘イオン直接分析：非推奨用語．MIKE 法 (mass-analyzed ion kinetic energy spectrometry) の使用を推奨．

direct chemical ionization

直接化学イオン化：インビーム化学イオン化 (in-beam chemical ionization) の同義語．インビーム法 (in-beam method) 参照．

direct dissociation

直接解離：統計的解離に対比される解離機構．統計的解離においては分子イオンの初期励起エネルギーはその振動回転の内部モードに配分されるが，直接解離においては初期励起エネルギーの配分が起こりにくいため，解離が非常に速く起こる．スペクテーター近似による機械論的な直接解離モデルなどがある．

direct exposure method

直接露出法：インビーム法 (in-beam method) 参照．

direct exposure probe (DEP)

直接照射プローブ：直接導入プローブ (direct insertion probe) の一変形で，フィラメント式ヒーターが取り付けられている先端に不揮発性試料をセットし，質量分析計のイオン化室に導入して急速に加熱することで，脱離電子イオン化や脱離化学イオン化を行うための器具．直接導入 (direct inlet) 参照．

direct infusion

直接注入：エレクトロスプレーイオン化などにおけるイオン源への試料導入法の一つで，シリンジポンプやキャピラリーチップなどを利用して，一定濃度の試料溶液を分離することなく継続的にイオン源に導入する方法．

direct inlet

直接導入：電子イオン化や化学イオン化におけるイオン化室への試料導入法の一つで，液体や固体試料をガラス管などに詰め，イオン化室中の電子線や反応イオン雰囲気のごく近傍まで導入する方法.

direct insertion probe (DIP)

直接導入プローブ：単一の固体または液状の試料を，通常は石英あるいは他の非反応性材質の試料ホルダーに入れて，質量分析計のイオン化室に導入する器具．直接導入 (direct inlet) 参照.

direction focusing

方向収束：イオンを一点から加速，射出し，その *m/z* 値および並進運動エネルギーが等しく方向がわずかに異なるイオンの流れを再び一点に収束させること．通常この目的に磁場セクターを用いる.

direct liquid introduction (DLI)

直接液体導入：化学イオン化などで，低流量の液体試料を質量分析計のイオン化室に直接注入する方式.

discharge ionization

放電イオン化：放電現象（グロー，アーク，火花，コロナ，スパーク）を利用したイオン化法．グロー放電に代表される真空放電の研究は，電子やイオンの発見とともに質量分析の黎明期に貢献した.

discrete dynode electron multiplier

ディスクリートダイノード電子増倍管：イオンを二次電子に変換する検出器の一種．独立した多段の電極（ダイノード）の表面にイオンが衝突すると二次電子が放出される．その二次電子が，より高い正電圧を印加した後段のダイノード表面に衝突すると，さらに多数の二次電子が放出される．この繰り返しによる電子なだれ効果で，最終的には数桁の増幅率で増大した電流信号が計測される．半導体セラミック製の管状ダイノードで構成する連続ダイノード電子増倍管とは区別される．discrete dynode particle multiplier と英語表記されることもある．連続ダイノード電子増倍管 (continuous dynode electron multiplier) および二次電子増倍管 (secondary electron multiplier) 参照.

discrete dynode particle multiplier

ディスクリートダイノード電子増倍管：discreate dynode electron multiplier と同義.

dissociative electron capture

解離性電子捕獲：低エネルギーの電子を捕獲した分子が直接，新しく生じた負イオンの解離状態となるイオン化機構．解離性イオン化の一例.

dissociative ionization

解離性イオン化：気相分子反応の一種で，その過程において分子は分解し，解離生成物の一つがイオンである反応.

$$A^* + BC \rightarrow A + B^+ + C + e^-$$

は解離性ペニングイオン化 (dissociative Penning ionization) または単に解離性イオン化 (dissociative ionization) と呼ばれる過程である．会合性イオン化 (associative ionization) 参照.

dissociative Penning ionization

解離性ペニングイオン化：解離性イオン化 (dissociative ionization) 参照.

distonic ion

ディストニックイオン：ジラジカルや両性イオン（イリドを含む）のイオン化によって生成するラジカルカチオンまたはラジカルアニオンのように，電荷と不対電子を同じ原子あるいは原子団の位置に書き表せないラジカルイオン．たとえば，$CH_2–OH_2^{+}$はディストニックイオンであるが，$CH_3–OH^{+\bullet}$はディストニックイオンではない.

double-focusing mass spectrometer

二重収束質量分析計：イオン源から出射するイオン群に対し，速度収束および方向収束の両方を行わせるようにした質量分析計で，通常，電場セクター (E) と磁場セクター (B) を組み合わせて用いる．二重収束質量分析計には，E・B の順に配置した正配置または順配置 (EB geometry) と，B・E の順に配置した逆配置 (BE geometry) がある.

drift tube

ドリフト管：緩衝ガスを含んだ円筒形チャンバーのこと．一端から導入されたイオンは，もう一端まで緩衝ガス流または軸方向の均一電場によって移動することになる.

drying gas

乾燥ガス：スプレーイオン化で液滴から脱溶媒を促進するための不活性ガス.

dynamic exclusion

ダイナミックエクスクルージョン：データ依存的取得法において，同一のプリカーサーイオン由来のプロダクトイオンスペクトルを重複して取得することを避けるためのソフトウェアの機能．データ依存的取得法 (data-dependent acquisition) 参照.

dynamic field mass spectrometer

動的場質量分析計：時間的に変化させた単一あるいは複数の電場を用いることにより，イオンを *m/z* 値に基づいて分離する方式の質量分析計の総称.

dynamic pulse heating

ダイナミックパルス加熱：2,500 K 以上の超高温における物性を研究するために利用されるパルス的加熱法．この方法では，単発パルス照射ではなく，繰り返しパルス照射を用いる．等圧抵抗加熱，中性子パルス加熱，レーザーパルス加熱などが知られており，質量分析で蒸発挙動を研究するには，レーザーパルス加熱がよく用いられる.

dynamic secondary ion mass spectrometry (DSIMS)

ダイナミック二次イオン質量分析：試料表面層の深さ分析を行うために高い一次イオン電流密度を用いて行う二次イオン質量分析.

注：試料最表面に存在する元素及び分子情報を得るために低い一次イオン電流密度を用い

て行う二次イオン質量分析をスタティック二次イオン質量分析 (static secondary ion mass spectrometry) という．

einzel lens

アインツェルレンズ：3 個の電極（円筒形や円形開口平板など）からなる静電レンズ．両端の電極を同電位にし，荷電粒子の並進運動エネルギーを変化させずに収束作用を得る．

elastic scattering

弾性散乱：二つの粒子（原子，分子，イオン）の衝突により並進運動エネルギーの交換のみ起こる相互作用で，並進運動エネルギーから内部エネルギーへの変換は伴わない．粒子の速さおよび方向を変えることができる．非弾性散乱 (inelastic scattering) 参照．

electric sector

電場セクター：飛行するイオンを偏向させる作用をもつ放射状電場を発生するシステム．同心円上に配置された一対の円筒形電極などで構成され，磁場セクター型質量分析計や飛行時間型質量分析計に用いられる．特に，並進運動エネルギーと電荷の比にしたがってイオンを分離する目的の電場セクターは，静電場エネルギー分析部 (electrostatic energy analyzer) とも呼ばれる．

electrohydrodynamic ionization（EHI または EHDI）

エレクトロハイドロダイナミックイオン化：グリセリンにヨウ化ナトリウムや酢酸アンモニウムなどを溶解させた電解質溶液を高電圧 (～10 kV) が印加された金属キャピラリーの先端から流出させ，スプレーイオン化する技術．多価のクラスターイオンを生成させるのに適している．ナトリウムイオンやプロトンが多数付加した多価のグリセリンクラスターイオンは，マッシブクラスター衝撃イオン化の衝撃用粒子として利用される．溶液に試料を溶解させておくと $[M+H]^+$ や $[M+Na]^+$ が生成する．

注：形式的には，このイオン化過程は大気圧近辺で行うエレクトロスプレーイオン化と同じ．

electron accelerating voltage

電子加速電圧：電子イオン化において，電子を加速するために印加する電圧．

electron affinity

電子親和力：真空中で基底状態（電子，振動，回転）の中性種と電子とが結合し，基底状態の負イオンが生成する際に放出されるエネルギー．記号 *E*ea で表す．中性種 M の電子親和力は次の過程に必要な最小エネルギーとして定義される．

$M^{-\bullet} \rightarrow M + e^-$

ここで $M^{-\bullet}$ および M は，回転・振動・電子的基底状態であり，電子の運動エネルギーは 0 である．

electron attachment ionization

電子付着イオン化：非推奨用語．同義語の電子捕獲イオン化 (electron capture ionization: ECI) の使用を推奨．

electron capture chemical ionization (ECCI)

電子捕獲化学イオン化：化学イオン化イオン源で生成する低エネルギー電子と試料分子との電子付加によって負イオンを生成させる方法.

electron capture dissociation (ECD)

電子捕獲解離：多価プロトン付加分子が低エネルギーの電子と相互作用する過程の一つ. 多価プロトン付加分子による電子の捕獲は，エネルギーの再分配と電荷数の減少をもたらし，生成した奇数電子イオン $[M+nH]^{(n-1)+}$ は直ちに分解する.

electron capture ionization (ECI)

電子捕獲イオン化：電子が付着することによって $M^{-\bullet}$ イオンを生成する気体原子および気体分子のイオン化.

electron capture negative ionization (ECNI)

電子捕獲負イオン化：電子捕獲イオン化 (electron capture ionization: ECI) の同義語.

electron capture reaction

電子捕獲反応：電荷移動反応の一種. イオンと中性種の衝突では，衝突速度が軌道電子の速度より十分遅く，電子交換が可能な速度領域において電子捕獲反応が最も主要な電荷移動反応となる. 多価イオンの衝突による電子捕獲反応では，捕獲する電子数に応じて一電子捕獲反応，二電子捕獲反応などと呼ばれる. 多価イオンが複数の電子を捕獲して多電子励起状態になり，自動イオン化を起こすことがあり，この過程を transfer ionization という.

electron energy

電子エネルギー：電子イオン化などのために使われる電子の運動エネルギー. 通常，電子を加速する際の電位差と電気素量の積として電子ボルト (eV) 単位で表示される.

electron impact ionization

電子衝撃イオン化：非推奨用語. 電子イオン化 (electron ionization) の使用を推奨.

electron ionization (EI)

電子イオン化：電子による原子や分子のイオン化. このイオン化では，分子から 1 個以上の電子を取り去るために 10～150 eV までのエネルギーに加速された電子を用いるのが一般的である.

electron transfer dissociation (ETD)

電子移動解離：多価プロトン付加分子が電子親和力の低い負イオンから電子を受け取る過程. 電子の捕獲によりエネルギーの再分配と電荷の減少をもたらし，生成した奇数電子イオン $[M+nH]^{(n-1)+\bullet}$ は衝突誘起解離によりただちにフラグメンテーションを起こす. 電子捕獲解離 (electron capture dissociation, ECD) 参照.

electronvolt (eV)

電子ボルト：1 V の電位差がかけられたとき，一価の荷電粒子が獲得するエネルギーとして定義される．記号 eV．エネルギーの非 SI 単位であるが，SI 単位と一緒に使用できる．
1 eV は $1.602176634 \times 10^{-19}$ J に等しい．

electrospray (ES)

エレクトロスプレー：静電噴霧とも訳される．試料溶液を噴霧するエレクトロスプレーニードルの先端に数 kV の高電圧を印加することより高度に帯電した微細な液滴を生成させる技術．

electrospray emitter

エレクトロスプレーエミッター：エレクトロスプレーニードル (electrospray needle) の同義語．

electrospray ionization (ESI)

エレクトロスプレーイオン化：エレクトロスプレーの技術を使ったイオン化法．試料溶液を供給するキャピラリーと対向電極の間に数 kV の高電圧を印加すると，エレクトロスプレーニードルの先端に円錐状の液体コーン（テイラーコーン）が形成される．テイラーコーン内の高電界のために正・負イオンの分離が起こり，テイラーコーン先端より高度に帯電した液滴が生成する．溶媒の気化による液滴の体積収縮に伴って液滴の電荷密度が増大し，電荷密度がレイリー極限を超えると液滴が自発的に分裂する．分裂した帯電液滴のサイズが溶媒の気化でさらに小さくなると，ついには帯電液滴からイオンの蒸発が起こる．プロトン付加による多価正イオンや，プロトン脱離による多価負イオンなどを生成できる．

注：安定した噴霧を助けるために加圧ガスを使用する場合，用語として気流支援エレクトロスプレーイオン化 (pneumatically assisted electrospray ionization) が用いられる．この方法に対してイオンスプレー (ion spray) という用語が使用されることがあるが，この用語は商標であり，その使用は商標登録された製品の記述に対してのみ認められる．

electrospray needle

エレクトロスプレーニードル：エレクトロスプレーイオン化で，帯電液滴を放出する細管のこと．エレクトロスプレーエミッター (electrospray emitter) の同義語．

electrostatic energy analyzer (ESA)

静電場エネルギー分析部：電場セクター (electric sector) 参照．

emittance

エミッタンス：

(1) イオン光学では，イオンビームの広がりの性質（平行度）を示すときに用いられ，通常ビーム広がりの立体角で表す．その値が小さいほどビームの平行度がよいことを意味する．

(2) 二極管の陰極から引き出された空間電荷制御電流が陽極電位の 3/2 乗に比例して増大する比例係数のこと．パービアンス (perviance) [$AV^{-3/2}$] という単位で表され，その値は陰極の面積と陽極までの距離の幾何学的条件のみで決まる．エミッタンスの値が大きいと引き出せる電流強度は増すが，空間電荷のために電子ビームは広がる．

energy focusing

エネルギー収束：並進運動エネルギーの異なるイオンビームを収束させること．

even-electron ion

偶数電子イオン：電子数が偶数のイオン．不対電子をもたないイオン．

例：$[M+H]^+$，$[M-H]^-$，CH_3^+，NH_4^+，OH^-など．

even-electron rule

偶数電子ルール：奇数電子イオンのフラグメンテーションは奇数または偶数電子イオンのどちらも生成しえるのに対して，偶数電子イオンのフラグメンテーションは一般に偶数電子イオンのみを生成するという法則．

注：奇数電子ルール (odd-electron rule) と呼ばれることもあるが，通常は偶数電子イオンのフラグメンテーションについて適用され，偶数電子ルール (even-electron rule) と呼ばれる．

E^2/V linked scan

E^2/V リンク走査：非推奨用語．E^2/V 一定リンク走査 (linked scan at constant E^2/V) の使用を推奨．

exact mass

計算精密質量：同位体組成を定め各同位体の質量を用いてイオンや分子の質量を 1 mDa (1×10^{-3} u) 以下まで計算した値．厳密には calculated exact mass という．accurate mass（測定精密質量）とは同義語ではない．

excess energy

過剰エネルギー：フラグメンテーションにおいて，結合解離を起こすイオンの内部エネルギーとその解離の臨界エネルギーの差．過剰エネルギーが大きいほど解離反応の速度は大きくなる．

extracted ion chromatogram (EIC)

抽出イオンクロマトグラム：液体クロマトグラフィーやガスクロマトグラフィーなどクロマトグラフィーを前段階に行うハイフネーテッド法において，一定の時間間隔でマススペクトルを測定しコンピューターに記憶させた後，特定の（一種類とは限らない）*m/z* 値におけるイオンの信号強度等を読み出し時間や溶出体積に対してプロットしたクロマトグラム．ハイフネーテッド法 (hyphenated method) 参照．

extracted ion electropherogram

抽出イオンエレクトロフェログラム：キャピラリー電気泳動質量分析において，泳動中に連続してマススペクトルを測定しコンピューターに記憶させた後，特定の（一種類とは限らない）*m/z* におけるイオンの信号強度等を読み出し，時間に対してプロットしたエレクトロフェログラム．液体クロマトグラフィー質量分析における抽出イオンクロマトグラム (extracted ion chromatogram) に相当するデータ．

extracted ion electrophorogram

抽出イオンエレクトフォログラム：抽出エレクトロフェログラム (extracted ion electropherogram) の同義語.

extracted ion profile

抽出イオンプロファイル：液体クロマトグラフィー質量分析やガスクロマトグラフィー質量分析，キャピラリー電気泳動質量分析，フローインジェクション分析質量分析など，一定時間継続的にマススペクトルの取得が行われる測定において，連続して測定したマススペクトルから特定の(一種類とは限らない)*m/z* におけるイオン強度を時間や溶出体積等に対してプロットしたもの. 液体クロマトグラフィー質量分析やガスクロマトグラフィー質量分析における抽出イオンクロマトグラム (extracted ion chromatogram) やキャピラリー電気泳動質量分析における抽出イオンエレクトロフェログラム (extracted ion electropherogram) 等の総称.

Faraday cup

ファラデーカップ：荷電粒子ビームを検出してその電流値を測定するとき，二次電子放出の影響をなくすためカップ状にした検出電極.

fast atom bombardment (FAB)

高速原子衝撃：数 keV に加速した中性原子（Ar, Xe など）の収束ビームを試料に衝突させることでイオンを生成させる方法. 粘性の高いグリセリンなどの液体マトリックスに試料化合物を混合させる場合を高速原子衝撃またはマトリックス高速原子衝撃 (matrix fast atom bombardment)，固体あるいは気体試料を用いる場合をそれぞれ固体高速原子衝撃 (solid fast atom bombardment)，気体高速原子衝撃 (gas-phase fast atom bombardment) ということがある.

注：正イオンモードではプロトン付加分子やカチオン付加分子などが，負イオンモードでは脱プロトン分子などが生成される.

fast ion bombardment (FIB)

高速イオン衝撃：数 keV の並進運動エネルギーをもつ収束イオンビームを固体または液相の試料に衝突させることでイオンを生成させる方法. 液相試料の場合には液体二次イオン化 (liquid secondary ionization) に同じ.

fast particle bombardment (FPB)

高速粒子衝撃：数 keV〜数十 keV の並進運動エネルギーをもつ原子や分子あるいはそれらのイオンを試料に衝突させることでイオンを生成させる方法. 高速原子衝撃 (fast atom bombardment) や高速イオン衝撃 (fast ion bombardment) を含む総称.

field desorption (FD)

電界脱離または**フィールドデソープション：**フィールドエミッターに試料溶液を塗布した後，フィールドエミッターを加熱するともに高電界を生じさせ気相イオンを生成する方法.

field desorption ionization

電界脱離イオン化：非推奨用語．電界脱離のイオン化の機構はおそらく，他のイオン化メカニズムと共役した電界イオン化によるイオン化を包含するので，広範囲の使用にもかかわらず，電界脱離イオン化という用語は不正確であり，したがって推奨されない．電界脱離もしくはフィールドデソープション (field desorption) 参照．

field emitter

フィールドエミッター：タングステンなどの金属線に炭素やシリコンの樹状結晶ウィスカーを成長させたもの．電界脱離や電界イオン化の陽極として塗布した試料をイオン化するために用いられる．

field-free region (FFR)

フィールドフリー領域，**無フィールド領域**，もしくは**無場領域**：質量分析装置におけるイオンの通り道で電場も磁場もない領域．

field ionization (FI)

電界イオン化：高電界との相互作用によって試料から電子を取り去るイオン化法．一般には気化した試料で行うが，これに限らない．

field ionization kinetics (FIK)

電界イオン化キネティクス：電界イオン化において加速場内でのイオンの分解を時間の関数として測定する方法．

first stability region

第一安定領域：マシュー安定性ダイアグラムの原点に最も近い安定領域．この領域の中に入るイオンは透過型四重極質量分析計を透過でき，あるいはポールイオントラップでの閉じ込めができる．マシュー安定性ダイアグラム (Mathieu stability diagram) 参照．

fission fragment ionization

核分裂片イオン化：プラズマ脱離イオン化 (plasma desorption/ionization) の同義語．

fixed neutral gain spectrum

定値ニュートラルゲインスペクトル：コンスタントニュートラルマスゲインスペクトル (constant neutral mass gain spectrum) の同義語．

fixed neutral loss spectrum

定値ニュートラルロススペクトル：コンスタントニュートラルマスロススペクトル (constant neutral mass loss spectrum) の同義語．

fixed neutral mass gain spectrum

定値ニュートラルマスゲインスペクトル：コンスタントニュートラルマスゲインスペクトル (constant neutral mass gain spectrum) の同義語．

fixed neutral mass loss spectrum

定値ニュートラルマスロススペクトル：コンスタントニュートラルマスロススペクトル (constant neutral mass loss spectrum) の同義語.

fixed precursor ion scan

プリカーサーイオン固定スキャン：特定の *m/z* のプリカーサーイオンから生じるプロダクトイオンの *m/z* を測定する走査法．プロダクトイオンスキャン (product ion scan) の同義語.

fixed precursor ion spectrum

プリカーサーイオン固定スペクトル：プリカーサーイオン固定スキャンによって取得したマススペクトル．プロダクトイオンスペクトル (product ion spectrum) の同義語.

fixed product ion scan

プロダクトイオン固定スキャン：2 台の質量分析部を接続したタンデム質量分析計を用いて，2 台目の質量分析部を特定の *m/z* 値のプロダクトイオンだけが通過するように設定し，1 台目の質量分析部を走査する分析法．特定の *m/z* 値のプロダクトイオンを生成させるイオン（プリカーサーイオン）のみを検出したマススペクトルを得ることができる．プリカーサーイオンスキャン (precursor ion scan) の同義語.

flash desorption

フラッシュデソープションまたは**急速加熱脱離：**有機化合物の蒸発過程において，加熱速度が速いときに分解より蒸発が優先する現象を利用し，急速な加熱により試料を瞬時に気化（脱離）させ電子イオン化や化学イオン化によって試料イオンを生成する方法.

flow injection analysis mass spectrometry

フローインジェクション分析質量分析：ポンプによって連続的にイオン源に送液されている溶媒にインジェクターなどを用いて試料溶液を注入し，カラム等を用いたクロマトグラフィーは行わない状態で試料溶液をイオン源に導入して行う質量分析.

flow injection mass spectrometry

フローインジェクション質量分析：フローインジェクション分析質量分析 (flow injection analysis mass spectrometry) の同義語.

focal plane detector (FPD)

焦点面検出器または**フォーカルプレーン検出器：***m/z* 値に応じて空間的に分離されたイオンビームが同時に検出面に飛来してくる場合にそれらを一斉に検出するための検出器．質量分析器 (mass spectrograph) 参照.

forward geometry

順配置：二重収束質量分析計の二種類のセクターの配置法のうち，イオン源から電場セクター，磁場セクターの順で配置する方法．二重収束質量分析計 (double-focusing mass spectrometer) 参照.

forward library search

順方向ライブラリーサーチ：未知化合物のマススペクトルを取得し，既知の化合物のマススペクトルライブラリーの中から最も類似するスペクトルを検索することにより未知化合物の同定を行う方法．その際に，スペクトル照合の有意な判定に必要なすべてのピークが未知化合物のマススペクトルに含まれているものと仮定し，測定で得られたスペクトルから一定のしきい値を超える強度のピークのみを用いて検索する．マススペクトルライブラリー (mass spectral library) および逆方向ライブラリーサーチ (reverse library search) 参照．

Fourier transform ion cyclotron resonance mass spectrometer (FT-ICRMS)

フーリエ変換イオンサイクロトロン共鳴質量分析計：イオンサイクロトロン共鳴の原理に基づいた質量分析計．磁場中でイオンは，その *m/z* 値に応じた周波数で円周軌道上をサイクロトロン運動する．この周波数に一致する高周波成分を含むパルス電場が与えられるとイオンはエネルギーを受け取り，サイクロトロン運動が励起されてより大きな軌道半径のコヒーレントな運動を開始する．これがイオンサイクロトロン共鳴である．共鳴したイオンの鏡像電荷が検出電極上に生じ，その変化（イメージ電流）が時間軸上の波形として検出される．この波形データをフーリエ変換して得られる周波数スペクトルは周波数の逆数と *m/z* 値との関係式に基づいてマススペクトルに変換される．サイクロトロン運動 (cyclotron motion) およびイオンサイクロトロン共鳴質量分析計 (ion cyclotron resonance mass spectrometer) 参照．

Fourier transform mass spectrometry (FTMS)

フーリエ変換質量分析：イオンの周期運動を利用した質量分析で，イオンの *m/z* 値に対応する周波数の成分分析をフーリエ変換で処理するタイプの質量分析全般を指す．フーリエ変換イオンサイクロトロン共鳴質量分析 (Fourier transform ion cyclotron resonance mass spectrometry) と同義的に用いられることが多いが，キングドントラップを用いた質量分析を含む．

fragment

フラグメント：結合の開裂によって生成される化学種．断片とも訳される．

fragmentation (in mass spectrometry)

フラグメンテーションまたは**断片化**：（質量分析の分野では）イオンが一つまたは複数の結合開裂により二つ以上の化学種に断片化し，そのうち少なくとも一つがイオンである反応．

fragmentation reaction (in mass spectrometry)

フラグメンテーション反応：（質量分析の分野では）フラグメンテーション (fragmentation) の同義語

fragment ion

フラグメントイオン：一つのイオンから結合の開裂によって生成するプロダクトイオン．プリカーサーイオン (precursor ion) 参照．

注：娘イオン (daughter ion) という語は推奨されない．

fragment ion scan

フラグメントイオンスキャン：非推奨用語．プロダクトイオンスキャンで観測されているイオンの全てがフラグメントイオンとは限らないので，プロダクトイオンスキャン (product ion scan) の使用を推奨．

fragment ion spectrum

フラグメントイオンスペクトル：非推奨用語．プロダクトイオン分析で観測されているイオンの全てがフラグメントイオンとは限らないので，プロダクトイオンスペクトル (product ion spectrum) の使用を推奨．

fragment peak

フラグメントピーク：フラグメントイオンに基づくマススペクトル上のピーク．

fringe field

端縁場：電場セクターもしくは磁場セクターなどの端付近に生じる不均一場．正確なイオン軌道を求める場合は端縁場の影響も考慮する必要がある．

full width at half maximum (FWHM)

半値幅：1 本のピークの半分の高さにおけるピーク幅．主に磁場セクター型質量分析計以外の質量分析装置を用いて取得されたマススペクトルの質量分解度や装置の質量分解能の評価に利用される．半値幅で定義した質量分解度の値は 10% 谷法で定義した質量分解度の値の約 2 倍になる．質量分解度 (mass resolution) 参照．

gas chromatograph-mass spectrometer (GC-MS)

ガスクロマトグラフ質量分析計：ガスクロマトグラフと質量分析計とを結合した分析装置．ガスクロマトグラフィー質量分析を行うための分析機器．

注：スラッシュ (/) を用いて gas chromatograph/mass spectrometer (GC/MS) と表記することも可能．ただし GC/MS と GC-MS のどちらか一方を分析方法の gas chromatography/mass spectrometry と分析装置の gas chromatograph/mass spectrometer の略語として同時に用いることは適切ではない．

gas chromatography/mass spectrometry (GC/MS)

ガスクロマトグラフィー質量分析：ガスクロマトグラフと質量分析装置とを結合した装置を用いて行う分析方法．試料をガスクロマトグラフで分離した後，移動相に含まれる試料成分を順次イオン化し質量分析を行う．

注：ハイフン (-) を用いて gas chromatograph-mass spectrometer (GC-MS) と表記することも可能．ただし GC/MS と GC-MS のどちらか一方を分析方法の gas chromatography/mass spectrometry と分析装置の gas chromatograph/mass spectrometer の略語として同時に用いることは適切ではない．

gas-phase fast atom bombardment

気体高速原子衝撃：高速原子衝撃 (fast atom bombardment) 参照.

glow discharge ionization

グロー放電イオン化：低圧力のガスに電圧を印可することによりグロー放電を起こさせ，気相中あるいはカソード上の固体サンプルからのイオンを生成する方法.

granddaughter ion

孫娘イオン：非推奨用語．二次プロダクトイオン (2nd generation product ion) の使用を推奨．娘イオン (daughter ion) 参照.

gridless reflectron

グリッドレスリフレクトロン：グリッドとの衝突によってイオンが失われることを避けるためメッシュ状のグリッド電極を用いないで減速・再加速電場を発生させる構造のリフレクトロン．リフレクトロン (reflectron) 参照.

注：このリフレクトロン構造はイオン透過率を向上させるが，その代償として電場の均一性が低下するため質量分解能を損ねる.

hard ionization

ハードイオン化：質量分析に利用されるイオン化の中で，電子イオン化のように多くのフラグメンテーションを起こすイオン化法の総称．ソフトイオン化 (soft ionization) に対比される.

heavy ion induced desorption (HIID)

重粒子イオン誘起脱離：MeV 程度に加速された質量が数十～数百 u の原子または分子のイオン種を一次ビームに用いる高速粒子衝撃.

Herzog shunt

ヘルツォークシャント：フィールドフリー領域に電場や磁場が漏れ出さないように電場セクターや磁場セクターの端に置く遮蔽物.

heterolysis

ヘテロリシス：ヘテロリティック開裂 (heterolytic cleavage) の同義語.

heterolytic cleavage

ヘテロリティック開裂：一つの共有結合が開裂して二つのフラグメントが生成するとき，その共有結合を構成していた 2 個の電子が片方のフラグメントに 2 個とも配分されるような結合の開裂．この開裂における電子対の移動は普通の（両鉤の）両矢印記号で示す．電荷による開裂 (inductive cleavage) 参照.

high-energy collision-induced dissociation

高エネルギー衝突誘起解離：1 keV 以上の実験室系衝突エネルギーで起こる衝突誘起解離．低エネルギー衝突誘起解離 (low-energy collision-induced dissociation) に対比される．1 回衝突 (single collision) 参照.

high-field asymmetric waveform ion mobility spectrometry (FAIMS)

フェイムス法（FAIMS 法）：大気圧下に置かれた二つの電極間に，非対称な（デューティー比が 50%ではない）波形の交流高電圧と可変の直流電圧を同時に印加して移動度に基づいたイオンの分離を行う方法．高電場中の移動度と低電場中の移動度の比に依存して，イオンはどちらかの電極の方向に移動する．RF-DC イオン移動度スペクトロメトリー (RF-DC ion mobility spectrometry) ともいう．イオン移動度スペクトロメトリー (ion mobility spectrometry) 参照.

high temperature mass spectrometer

高温質量分析計：クヌーセンセル質量分析計 (Knudsen cell mass spectrometer) の同義語.

homolysis

ホモリシス：ホモリティック開裂 (homolytic cleavage) の同義語.

homolytic cleavage

ホモリティック開裂：一つの共有結合が開裂して二つのフラグメントが生成するとき，その共有結合を構成していた 2 個の電子が両フラグメントに 1 個ずつ配分されるような結合の開裂．不対電子をもった奇数電子イオンの場合には，その不対電子が近接する共有結合の結合電子対の一つと対を作って新しい結合となり，残された 1 個の電子を伴ったフラグメントが開裂するフラグメンテーションをいう．この場合には偶数電子イオンと不対電子をもった中性ラジカルが生成する．ホモリティック開裂における電子対の組み換えの様子は釣り針型の（片鉤の）矢印記号（片矢印）で示す.

hybrid mass spectrometer

ハイブリッド質量分析計：MS/MS (mass spectrometry/mass spectrometry) を行うために異なるタイプの質量分析部を結合した装置.

hydride ion

ヒドリドイオンまたは**水素化物イオン**：水素の陰イオン hydrogen anion (H^-) の総称．hydride（ヒドリド），またはヒドリドアニオン (hydride anion) と言われることもある．ヒドロン (hydron) 参照.

注：水素の原子核質量に配慮せずに使われる一般的な名称．同位体 ^{1}H や ^{2}H 等を区別すること無く使われる.

hydrogen/deuterium exchange (HDX)

水素重水素交換：質量分析計への導入前に溶液中で分子の水素原子を重水素原子に置換させること．または，質量分析計内で重水素化した衝突ガスとイオンとの反応で置換させること.

hydrogen rearrangement (in mass spectrometry)

水素転位：（質量分析の分野では）水素シフト (hydrogen shift) と同義.

hydrogen shifts (in mass spectrometry)

水素シフト：（質量分析の分野では）イオンの開裂の際に起こる水素原子の転位反応で，水素転位 (hydrogen rearrangement) とも呼ばれる．カルボニル化合物のマクラファティ開裂の第一段階として，γ位の水素原子が 6 員環遷移状態を経てカルボニル酸素原子に転位する反応のように，不対電子が存在する原子と転位する水素原子が構造的にみて特定の位置関係にある場合に起こりやすい転位反応や，不安定な第 1 級炭素正イオンにおいて隣接位置から水素が転位して安定な第 2 級炭素正イオンに変化する場合など正電荷に基づく水素の転位反応がある．

hydron

ヒドロン：水素の陽イオン hydrogen cation (H^+) の総称．他のイオンとは異なりヒドロンは裸の原子核である．

注 1：水素の原子核質量に配慮せずに使われる一般的な名称．同位体 ^1H や ^2H 等を区別すること無く使われる．

注 2：プロトン ($^1H^+$)，デューテロン ($^2H^+$, D^+)，トリトン ($^3H^+$, T^+) を含む名称．

hyphenated mass spectrometry technique

ハイフネーテッド質量分析技術：ハイフネーテッド法 (hyphenated method) の同義語．

hyphenated method

ハイフネーテッド法：ガスクロマトグラフあるいは液体クロマトグラフなど試料の前処理や分離のための装置をインターフェイスで質量分析装置と接続して分析する質量分析法．

注：接続した二つの方法を表記する際，ハイフン，スラッシュいずれも用いることができる．ガスクロマトグラフィー質量分析，液体クロマトグラフィー質量分析参照．

ICF flange

ICF フランジ：金属パッキング（無酸素銅）に非対称のエッジを食い込ませて真空シールする超高真空用フランジであるコンフラット型フランジ (conflat flange) を国際規格化させたもの (ICF: international conflat).

image current detection

イメージ電流検出：イオン検出法の一種．導体の近傍を通過するイオンのコヒーレントな運動によって導体表面に誘起される鏡像電荷による電流が生じる．この電流（イメージ電流）の計測によりイオンを非破壊的に検出する．

注：フーリエ変換質量分析計（キングドントラップを含む）では，一対の検出電極間のコヒーレントなイオン軌道運動が検出電極に高周波鏡像電荷を誘起し，その結果，検出電極に接続した検出回路に交流イメージ電流が流れる．

imaging mass spectrometry (IMS)

イメージング質量分析：試料表面から脱離してきたイオンの *m/z* 値と位置情報の両方を同時に得ることにより，化学種毎の分布状態を画像化する分析手法．

iminium ion

イミニウムイオン：$R^1R^2C=N^+R^3R^4$ 構造のカチオン．アルキリデンアミニリウムイオン (alkylideneaminylium ion) の一種．

注：イモニウムイオン (imonium ion) とインモニウムイオン (immonium ion) は非推奨用語．

immonium ion

インモニウムイオン：非推奨用語：イミニウムイオン (imunium ion) の使用を推奨．

imonium ion

イモニウムイオン：非推奨用語，イミニウムイオン (imunium ion) の使用を推奨．

impact parameter

衝突パラメーター：粒子が初期の方向と速度を保ったまま進み，粒子間に力が働かない場合の二つの粒子の最近接距離．

in-beam chemical ionization

インビーム化学イオン化：インビーム法 (in-beam method) 参照．

in-beam electron ionization

インビーム電子イオン化：インビーム法 (in-beam method) 参照．

in-beam method

インビーム法：試料を直接イオン化室内に挿入し，電子線に接触あるいは接近させるか，または反応イオンと接触させながら試料を急速加熱し，イオンを生成させる技法．直接露出法 (direct exposure method) とも呼ばれる．イオン化室内の電子線に接触あるいは接近させながら急速加熱し，高温の器具の壁面などの影響による熱分解を避けてイオン化する方法をインビーム電子イオン化 (in-beam electron ionization) という．また金属ワイヤーや電界脱離用の結晶ウィスカーに塗布した試料をイオン化室内の反応イオン雰囲気中に置き，イオン分子反応を起こさせてイオン化する方法をインビーム化学イオン化 (in-beam chemical ionization)，特にインビーム化学イオン化では，$M^{+\bullet}$ だけでなく $[M+H]^+$ なども生成するので分子間衝突などの多分子過程も関与している．インビーム電子イオン化は脱離電子イオン化 (desorption electron ionization)，インビーム化学イオン化は直接化学イオン化 (direct chemical ionization) または脱離化学イオン化 (desorption chemical ionization) とも呼ばれる．

inductive cleavage

電荷による開裂：イオン内の見かけ上の荷電部位の電荷によって，近接する共有結合の電子 2 個が引きつけられ結合が開裂すること．この電子対の移動は普通の（両鈎の）矢印記号（両矢印）で示す．

inductively coupled plasma (ICP)

誘導結合プラズマ：電磁誘導によってエネルギーを供給されたプラズマを利用する放電イオン源．数 MHz～数十 MHz の高周波誘導コイル内の磁界によって発生する誘導電流で Ar ガスなどをイオ

オン流の加速場，収束レンズなどから構成される．

ion spray

イオンスプレー《商標》：気流支援エレクトロスプレーイオン化 (pneumatically-assisted electrospray ionization) の同義語．この用語の使用は商標登録された製品の記述に対してのみ認められる．

ion suppression

イオン化抑制または**イオンサプレッション**：ある物質のイオン化効率が，共存する他の物質の存在によって低下する現象．

注：イオン化抑制の影響はエレクトロスプレーイオン化において最も重要であるが，大気圧化学イオン化においても観測され，また他のイオン化法においてもある程度見られる．イオン化促進 (ion enhancement) およびマトリックス効果 (matrix effects) 参照．

ion-to-photon detector

イオン光子変換検出器：イオンとコンバージョンダイノードの衝突によって発生した二次電子を蛍光体に衝突させ，放出された光子を光電子増倍管で検出するイオン検出器．デイリー検出器 (Daly detector) およびコンバージョンダイノード (conversion dynode) 参照．

ion trap (IT)

イオントラップ：電場や磁場を単独で，または組み合わせて作ったポテンシャルの井戸にイオンを閉じ込める装置のこと．たとえば，三次元的双曲面電極に交流電圧を印加してイオンを閉じ込めるものはポールイオントラップ (Paul ion trap)，静電場と静磁場でイオンを閉じ込めるものはペニングイオントラップ (Penning ion trap)，直流電圧のみを印加した紡錘形電極と樽状電極の間の空間にイオンを閉じ込めるものはキングドントラップ (Kingdon trap) と呼ばれる．

ion trap mass spectrometer (ITMS)

イオントラップ質量分析計：イオントラップを利用した質量分析計．狭義にはポールイオントラップを用いた質量分析計を指す．イオントラップ内に閉じ込められたイオンを交流電圧やその周波数の走査などによって *m/z* 値別に排出し，これを逐次的に検出することによって質量分析するほか，閉じ込められたイオンをパルス電圧で一斉にトラップから排出して飛行時間型質量分析計に導き質量分析を行う装置などがある．広義には，イオントラップの特性を利用して *m/z* 値に基づくイオンの分離を行う質量分析計全般を指し，ポールイオントラップ，リニアイオントラップ，キングドントラップ（製品名 Orbitrap），フーリエ変換イオンサイクロトロン共鳴などを利用した質量分析計が該当する．

isobar (in mass spectrometry)

同重体：（質量分析の分野では）計算精密質量は異なるがノミナル質量が同じ核種や分子種．

注 1：原子（核種）においては，質量数が等しいが核子の構成が異なることを意味する．たとえば ^{14}C と ^{14}N は同重体の関係である．

注 2：同重体の関係にあるイオン種を同重体イオン (isobaric ion) という．

注 3：isobar は気象学では等圧線の意味で用いられる．

isobaric ion

同重体イオン：同重体の関係にあるイオン種．

isobaric tag for relative and absolute quantitation (iTRAQ)

iTRAQ：相対もしくは絶対定量プロテオミクスに用いる，タンパク質消化断片ペプチドのN末端および側鎖の1級アミンに結合させる化学標識試薬．質量の異なるプロダクトイオンを生成させるためのレポーター構造を有しており，レポーターとバランスの質量の和が等しくなるよう設計されている．

isomeric ion

異性体イオン：化学式は同じであるが構造の異なるイオン．

isotope cluster

同位体クラスター：同位体パターン (isotope pattern) の同義語．

isotope coded affinity tag (ICAT)

ICAT：相対的な定量プロテオミクスに用いる安定同位体標識試薬の一種．標識ペプチドを精製するために用いるビオチン部と特定のアミノ酸側鎖に対する反応部位，同位体標識されたリンカー部から構成されている．

isotope delta

同位体デルタ値：同位体比相対偏差 (relative isotope-ratio difference, relative difference of isotope ratios) の同義語．

isotope dilution mass spectrometry (IDMS)

同位体希釈質量分析：特定の質量の同位体で標識した化合物の一定量を内標準として試料に加えて行う定量分析法．

isotope effect

同位体効果：同位体の質量の差により生ずる物理的，化学的現象の違い．質量分析では同位体標識化合物と非標識体のガスクロマトグラフィー質量分析における溶出挙動のわずかな違い（物理的効果）やフラグメントイオン生成比の違い（化学的効果）などが観測される．

isotope labeling

同位体標識：化合物中の1個ないし複数個の原子を特定の同位体で置換すること．置換による質量のシフトを利用して，フラグメンテーションの研究，定量分析における内標準物質として用いるなどさまざまな場面で利用される．

isotope-number ratio

同位体数比：同位体比 (isotope ratio) の同義語．

isotope pattern

同位体パターン：同じ化学式であるが異なる同位体を含むイオンによるマススペクトル上のピークの一群．同位体クラスター (isotope cluster) とも呼ばれる．

isotope peak

同位体ピーク：マススペクトル上に現れる同位体イオンによるピーク．

isotope ratio, *R*

同位体比：ある元素の同位体原子数に対する別の同位体原子数の比．

注：$^{13}C/^{12}C$ のように，通常は量的に多い同位体に対する量的に少ない同位体の量比として表記する．

isotope ratio mass spectrometry (IRMS)

同位体比質量分析：質量分析計を用いた物質に含まれる特定の元素についての同位体の相対量計測，およびこれを扱う質量分析の一分野．

isotopically enriched ion

同位体増加イオン：ある元素の特定の同位体が天然の存在度よりも高いレベルにあるイオン．

isotopic ion

同位体イオン：モノアイソトピックイオンとは異なり，分子を構成する原子の中に天然の存在度が最大ではない同位体を一つもしくは複数個含むイオン．分子イオンに限らずモノアイソトピックイオンではないイオンに対して適用できるよう拡張された用語．モノアイソトピックイオン (monoisotopic ion)，同位体分子イオン (isotopic molecular ion) 参照．

isotopic molecular ion

同位体分子イオン：分子を構成する原子の中に天然の存在度が最大ではない同位体を一つもしくは複数個含む分子イオン．

isotopic scrambling

同位体スクランブリング：イオンまたは中性種において同位体の原子配置が平衡状態に達するまで特定の原子部位間で同位体が無秩序に混合すること．

注：質量分析では通常，ある特定の同位体組成で生成された孤立状態のイオン内部における無秩序な同位体混合を意味する．不完全同位体スクランブリング (partial isotopic scrambling) 参照．

isotopolog ions

同位体組成異性イオンまたは**アイソトポログイオン**：あるイオンに対して，化学式は同じであるが同位体組成が異なるため質量が異なるイオン同士を同位体組成異性イオンと呼ぶ．

注 1：$C^{1}H_4^{+\bullet}$ に対しての $CH_3^{2}H^{+\bullet}$，もしくは $^{10}BF_3^{+\bullet}$ に対しての $^{11}BF_3^{+\bullet}$．マススペクトル上で，構成原子の天然同位体存在量に対応する同位体クラスター（同位体パターン）を示すイオン群もそれぞれ同位体組成異性イオンの関係にある．

注 2：同位体イオン (isotopic ion) はモノアイソトピックイオン (monoisotopic ion) の対語であり，同位体イオンとモノアイソトピックイオンは互いに同位体組成異性イオン (isotopolog ions) の関係である．

isotopomeric ions

同位体異性体イオンまたは**アイソトポメリックイオン**：あるイオンに対して，同位体組成が同じであるため質量は同じであるが，それぞれの同位体の位置が異なるイオンを同位体異性体イオンと呼ぶ．同位体異性体イオンは，同位体同士の位置が入れ替わった立体配置異性体でも，立体構造の異なる異性体でもありうる．

jet separator

ジェットセパレーター：ガスクロマトグラフのガス流を低圧力領域内で拡張させ，下流の細孔を通過させるガスクロマトグラフ質量分析計のインターフェイス．低質量のキャリアガス分子はジェットガス流の軸から拡散し，より重い質量の分析対象分子が豊富なサンプル流となる．

kinetic energy analyzer

運動エネルギー分析器：荷電粒子の並進運動エネルギーを測定するための装置で，減速場，飛行時間，電場または磁場による偏向などさまざまな原理で実現される．

kinetic energy release (KER)

運動エネルギー放出：

(1) 準安定イオン分解において，プリカーサーイオンの内部エネルギーの一部が分解生成物の並進運動エネルギーに変換される現象．準安定ピークの幅を広くする効果をもち，その形状や幅からフラグメンテーションの機構が議論できる．

(2) 準安定ピークの幅から求められる準安定イオン分解生成物の並進運動エネルギーに関する測度で，重心の並進運動エネルギーに対する相対値として表される．準安定イオンおよび準安定ピーク (metastable peak) 参照．

kinetic energy release distribution (KERD)

運動エネルギー放出分布：準安定イオンの解離反応における運動エネルギー放出の値の統計的分布．運動エネルギー放出 (kinetic energy release) 参照．

kinetic method

速度論的方法：イオンの熱力学的物理量を求めるためにタンデム質量分析などを用いる方法論．反応生成物の相対存在量から，競合し合うフラグメンテーション反応の相対的確率を導く．その際に対象としている熱力学的物理量について未知のイオン種に対し，これよりもその物理量の値（既知）が高いと思われるイオン種および低いと思われるイオン種を複数競合させることにより，未知の値を内挿的に求める．拡張した速度論的方法では，反応に伴うエントロピー変化も考慮する．

kinetic shift

キネティックシフト：イオンがフラグメントイオンと中性種とに解離するために必要なエネルギーは出現エネルギーとイオン化エネルギーの差から実験的に見積もることができるが，実際に観測される出現エネルギーが熱化学的な閾値に基づいて予想されるより大きな値となること．キネティックシフトが生じる理由は，実験時間枠内（たとえばイオン源滞在時間内）に実験的に観測可能となるだけの充分な数のフラグメントイオンが生成するためには解離反応速度が充分に大きくなる必要があり，そのためにイオンの内部エネルギーが閾値をある程度超えた値まで高くなる必要があるからである．

Kingdon trap

キングドントラップ：イオントラップの一種で，紡錘形の曲面をもつ電極とその外側に同軸に配置した樽状の電極とで構成され，電極間に直流電圧を印加することにより半径方向についての対数関数項を含む四重極電位分布の静電場を発生する．イオントラップ内で紡錘形電極の周りを回転しながらトラップされるイオンはイオントラップの軸に沿って調和振動運動する．その周波数はイオン速度に無関係かつ *m/z* 値の平方根に反比例するので，振動するイオンによって誘導されたイメージ電流を検出して得た時間軸上の波形データをフーリエ変換で周波数解析すれば質量分析部として機能する．この原理に基づいた質量分析計は「オービトラップ (Orbitrap)」《商標》として実現されている．

Knudsen cell

クヌーセンセル：高温蒸気圧測定用のクヌーセンセルは中空円筒状のセルで，上蓋中央に直径 1 mm 以下程度の小さい穴（オリフィス）を有するほかは密閉されている．クヌーセンセルが放射，電子衝撃，RF 加熱などの方法により加熱されると，一定温度で試料とその蒸気が平衡に達する．オリフィスから流出する蒸気分子流はセル内の平衡を乱さない．クヌーセンセルの材質は，タングステン，モリブデン，白金，ステンレス鋼，アルミナ，黒鉛などのうち試料と反応しないものが選択される．

Knudsen cell mass spectrometer

クヌーセンセル質量分析計：クヌーセンセル部，イオン源部，質量分析部からなる高温蒸気圧測定用の特殊な質量分析計で，高温質量分析計 (high temperature mass spectrometer) ともいう．セルから上向きに流出する蒸気流（クヌーセン流をなす）の一部を電子イオン化などで質量分析することによりセル内の蒸気種の同定と絶対分圧の測定を行う．

Knudsen effusion mass spectrometer

クヌーセン流出質量分析計：クヌーセンセル質量分析計 (Knudsen cell mass spectrometer) の同義語．

label-free quantitation

非標識定量法：液体クロマトグラフィー質量分析を用いたタンパク質の定量法で，タンパク質，ペプチドを安定同位体標識すること無しに断片ペプチド由来のイオンのピークの信号強度（高さ，面積）や，同定されたプロダクトイオンスペクトルの数を比較（スペクトラルカウンティング）することによって相対的な量の比較を行う方法．

laboratory collision energy

実験室系衝突エネルギー：座標系の原点を実験室に固定したときの，衝突する粒子の並進運動エネルギー．衝突誘起解離においては，質量分析装置のイオン加速電圧 (V) に入射イオンの電荷数 z と電気素量 e をかけて求めた電子ボルト (eV) 単位のエネルギーとして表される．重心系衝突エネルギー (center-of-mass collision energy) 参照.

laser ablation (LA)

レーザーアブレーション：固体あるいは液体などの表面に強力なパルスレーザー光を照射したとき，表面が一気にプラズマ化し，構成物質の原子，分子，イオン，微粒子などさまざまな物質が表面から爆発的に放出される現象．レーザー光照射による表面吸着物の脱離現象や局所的な加熱による熱蒸発とは区別される.

laser beam ionization

レーザービームイオン化：レーザー光照射による試料からのイオン生成.

laser desorption (LD)

レーザー脱離：固体または液体の試料がパルスレーザー光の光子と相互作用することによって気相の化学種（原子，分子，フラグメントなど）が生成すること.

laser desorption/ionization (LDI)

レーザー脱離イオン化：固体または液体の試料をパルスレーザー光の光子と相互作用させることによって気相のイオンを生成する方法.

laser ionization (LI)

レーザーイオン化：物質または気相中の原子や分子とレーザー光の光子との相互作用を通してイオンが生成すること.

laser microprobe mass spectrometry (LMMS)

レーザーマイクロプローブ質量分析：成分の存在位置情報の取得を重視したレーザー脱離イオン化質量分析．レーザー脱離イオン化 (laser desorption/ionization) 参照.

laser spray (LS)

レーザースプレー：数 kV の高電圧を印加した金属キャピラリーに試料溶液を供給し，キャピラリーの内径とほぼ等しい径に焦点を絞った数 W の赤外レーザーをキャピラリーの反対側から照射して液体を噴霧させ，溶液中のイオンを気相に取り出す方法．エレクトロスプレー (electrospray) 参照.

linear ion trap (LIT)

リニアイオントラップ：二次元のポールイオントラップ．トラップの軸に対して垂直な面内でのイオン閉じ込めはポールイオントラップの動作原理に基づいて行い，軸方向の閉じ込めは静電場によって行う．ポールイオントラップ (Paul ion trap) 参照.

linked scan

リンク走査：2 台以上の質量分析部で構成されるタンデム質量分析計，または磁場セクターと電場セクターをそれぞれ 1 台以上備えた二重収束質量分析計で用いられる走査法．各走査パラメーターを互いにある一定の関係に保ちながら 2 台以上の質量分析部（または磁場セクターと電場セクター）を同時に走査することにより，プロダクトイオンスペクトル，プリカーサーイオンスペクトル，コンスタントニュートラルマスロススペクトル，コンスタントニュートラルマスゲインスペクトルを取得することができる．

linked scan at constant B/E

B/E 一定リンク走査：磁場セクターと電場セクターをそれぞれ 1 台以上備えた二重収束質量分析計で行われる．加速電圧 V を一定にして，磁場セクターの磁場（磁束密度）の大きさ B と電場セクターの電場の大きさ E の比を一定に保ちながら B と E を同時に走査する．この磁場セクターと電場セクターの組に進入する前に通過するフィールドフリー領域での解離，またはその他の反応のプロダクトイオンスペクトルを記録する．B/E リンク走査 (B/E linked scan) という語は推奨されない．

linked scan at constant B^2/E

B^2/E 一定リンク走査：磁場セクターと電場セクターをそれぞれ 1 台以上備えた二重収束質量分析計で行われる．加速電圧 V を一定にして，磁場セクターの磁場（磁束密度）の大きさ B の 2 乗と電場セクターの電場の大きさ E の比 B^2/E を一定に保ちながら B と E を同時に走査する．この磁場セクターと電場セクターの組に進入する前に通過するフィールドフリー領域での解離，またはその他の反応のプリカーサーイオンスペクトルを記録する．B^2/E リンク走査 (B^2/E linked scan) という語は推奨されない．

linked scan at constant $B[1-(E/E_0)]^{1/2}/E$

$B[1-(E/E_0)]^{1/2}/E$ 一定リンク走査：磁場セクターと電場セクターをそれぞれ 1 台以上備えた二重収束質量分析計で行われる．加速電圧 V を一定にして，磁場セクターの磁場（磁束密度）の大きさ B と電場セクターの電場の大きさ E について，$B[1-(E/E_0)]^{1/2}/E$ を一定に保ちながら B と E を同時に走査する．この磁場セクターと電場セクターの組に進入する前に通過するフィールドフリー領域での解離，またはその他の反応のコンスタントニュートラルマスロススペクトルまたはコンスタントニュートラルマスゲインスペクトルを記録する．E_0 は対象の中性フラグメントに相当する質量の一価イオンを透過させるのに必要な E の値．$B[1-(E/E_0)]^{1/2}/E$ リンク走査 ($B[1-(E/E_0)]^{1/2}/E$ linked scan) という語は推奨されない．

linked scan at constant E^2/V

E^2/V 一定リンク走査：磁場セクターと電場セクターをそれぞれ 1 台以上備えた二重収束質量分析計で行われる．電場セクターの電場の大きさ E の 2 乗と加速電圧 V の比 E^2/V を一定に保ちながら E と V を同時に走査する．この磁場セクターと電場セクターの組に進入する前に通過するフィールドフリー領域での解離，またはその他の反応のプロダクトイオンスペクトルを記録する．E^2/V リンク走査 (E^2/V linked scan) という語は推奨されない．

liquid chromatograph-mass spectrometer (LC-MS)

液体クロマトグラフ質量分析計：液体クロマトグラフと質量分析計とを結合した分析装置.

注：スラッシュ (/) を用いて liquid chromatograph/mass spectrometer (LC/MS) と表記することも可能. ただし LC/MS と LC-MS のどちらか一方を liquid chromatography/mass spectrometry と liquid chromatograph/mass spectrometer の略語として同時に用いることは適切ではない.

liquid chromatography/mass spectrometry (LC/MS)

液体クロマトグラフィー質量分析：液体クロマトグラフと質量分析計とを結合した装置を用いて行う分析法. 試料を液体クロマトグラフで分離した後, 溶出液に含まれる試料成分をイオン化し質量分析を行う.

注：ハイフン (-) を用いて liquid chromatography-mass spectrometry (LC-MS) と表記するも可能. ただし LC/MS と LC-MS のどちらか一方を liquid chromatography/mass spectrometry と liquid chromatograph/mass spectrometer の略語として同時に用いることは適切ではない.

liquid ion evaporation

液体イオン蒸発：空気圧式ネブライザーから高電位側の電極に向かって液滴が噴霧され, その液滴の脱溶媒により液滴上に静電荷が発生することでイオンが生成するスプレーイオン化の一種.

liquid ionization (LI)

液体イオン化：大気圧イオン化法の一つ. 適当なマトリックス溶媒に溶かした試料を加熱可能な金属針に塗布し, その液体表面に Ar^* などの準安定原子を供給接触させてペニングイオン化を起こさせ, イオン蒸発（イオン脱離）させる方法. ペニングイオン化およびイオン分子反応と溶媒やマトリックスにより試料分子を分散させて試料イオンの脱離を容易にする手法を組み合わせたソフトイオン化法. 大気圧イオン化 (atmospheric pressure ionization) およびペニングイオン化 (Penning ionization) 参照.

liquid junction interface

液絡型インターフェイス：キャピラリー電気泳動装置と質量分析計を接続させるために, 分離キャピラリーと質量分析計への移送キャピラリーの接続部に溶液タンクを設置し, 電気泳動のための電気接点を確保する方式のインターフェイス.

liquid secondary ionization (LSI)

液体二次イオン化：液体マトリックスに溶解した試料とイオンあるいは原子の収束ビームとの相互作用により, 試料中の各種成分をイオン化させる方法. 高速粒子衝撃 (fast particle bombardment) および二次イオン化 (secondary ionization) 参照.

liquid sheath

リキッドシース：サンプル溶液の周りを覆うようにメイクアップ液を導入すること.

lock mass

ロックマス：m/z 値が既知のイオンの m/z の測定値を利用してマススペクトルの取得と同時に m/z の

再較正を行うこと．または再較成を行うために利用する *m/z* の値．常にイオン源から導入されバックグラウンドとして観測されるイオンの値が用いられる．

low-energy collision-induced dissociation

低エネルギー衝突誘起解離：約 1,000 eV 以下の実験室系衝突エネルギーで起こる衝突誘起解離．多重衝突を前提とする過程で，衝突励起は累積的に作用する．高エネルギー衝突誘起解離 (high-energy collision-induced dissociation) に対比される．

lyonium ion

リオニウムイオン：溶媒分子にヒドロンの付加によって生成したカチオン．

注：たとえば $CH_3OH_2^+$ と CH_3OHD^+ はいずれもメタノールのリオニウムイオンである．

magnetic deflection

磁場偏向：磁場セクター内のイオン運動の結果，イオンビームが偏向すること．一般的にイオン運動の方向は磁場の方向に対して垂直であり，速度の大きさは一定である．

magnetic field scan

磁場スキャンまたは**磁場走査：**磁場（磁束密度）の大きさを変化させることによりイオンの運動量スペクトル（マススペクトル）を取得する方法全般を指す．

magnetic sector

磁場セクター：荷電粒子ビームに直交する磁場を発生するシステムで，粒子の運動量をイオンの電荷で割った量に比例する度合いでビームを偏向する．単一エネルギーのビームの場合，偏向量は *m/z* に比例する．

magnetic shim

マグネティックシム：磁場セクターや超伝導コイルの端縁場における磁場の勾配や歪みを補正して均一度を高めるために配置した付加的な永久磁石や電磁石．

magnetron motion

マグネトロン運動：ペニングイオントラップにおいて，サイクロトロン運動の回転中心がトラップの中心軸の周りを低速で回転する運動．サイクロトロン回転中心が等電位線に沿って磁場に垂直な方向にドリフト運動することにより発生する．

注：この回転周波数をマグネトロン周波数 (magnetron frequency) という．

make-up liquid

メイクアップ液：質量分析計に液体試料を導入するためのインターフェイスにおいて試料溶液の流速や溶媒の性質を調節するために混合する溶媒のこと．イオン化を促進する目的などに用いる．

mass

質量：物体の運動量や運動エネルギー，二物体間に働く重力などの力学的性質を決定する物体に固有の基本量．質量分析においては，ニュートンの式：力＝質量×加速度に含まれる慣性質量として定義される．物理量としての質量は公式には SI 単位 (kg) で表さなければならないが，質量分析で扱われる原子，分子，イオンなどの質量については，非 SI 単位である統一原子質量単位やダルトンを用いた表記が公認されている．統一原子質量単位 (unified atomic mass unit) 参照．

注：質量分析はイオンの *m/z* を計測する分析法であることから質量分析においては質量が *m/z* と同義的に用いられることが多い．

mass accuracy

質量確度または**質量真度**：質量分析で計測された質量の値の正確さ，真値（計算精密質量）との一致度．数値を示す際は，質量の計測値と計算精密質量との差の絶対値，または百万分率 (ppm) で表すことが多い．計算精密質量 (exact mass) 参照．

mass analysis

マスアナリシスまたは**質量解析**：*m/z* に基づいてイオン種の混合物を同定する，または原子の質量の総計に基づいて化学種の混合物を同定する作業工程．解析は定性的あるいは定量的である．

mass-analyzed ion kinetic energy spectrometry (MIKES)

マイク法（MIKE 法）：磁場セクターと電場セクターをそれぞれ 1 台以上備えた逆配置の磁場セクター型質量分析計でイオンの並進運動エネルギースペクトルを得る技法の一つ．加速電圧 *V* と磁束密度 *B* を一定にして *m/z* によるプリカーサーイオンの選択を行い，セクター間のフィールドフリー領域でプリカーサーイオンの解離または反応を行う．電場セクターの走査によりプロダクトイオンによって異なる並進運動エネルギーと電荷の比を分析することで，選択されたプリカーサーイオンのプロダクトイオンスペクトルを得る．プロダクトイオンスペクトルのピーク幅は，解離過程の運動エネルギー放出分布を反映している．二重収束質量分析計 (double-focusing mass spectrometer) 参照．娘イオン直接分析 (direct analysis of daughter ions) という語は推奨されない．

mass analyzer

質量分析部：質量分析装置において，イオンの *m/z* 分離ならびに方向や速度などの収束が行われる部分．

mass calibration

質量較正：理論的または実験的に得られる関係式に基づいて，検出された信号から *m/z* 値を決定する手段．最も一般的には，既知の *m/z* 値のイオンを生成する化合物のマススペクトルから得られる較正用ファイル（キャリブレーションファイル）を用いて，コンピューター上のデータシステム（ソフトウェア）で行われる．

注：「較」（コウ）は常用漢字にない読みのため，「較正」は「校正（こうせい）」または「こう正」と表記されることがある．「校正」は原稿や原資料などと照合して印刷物等の字句や図版の内容，体裁，色彩の誤りや不具合を正すことであり，「較正」は既知の正しい測定値と計測機器に表示された値との関係を比較して計測機器を正すことである．常用漢字にない読みの使用が制限されない限り「較正」と表記することが望ましい．

mass chromatogram

マスクロマトグラム：抽出イオンクロマトグラム (extracted ion chromatogram) の同義語.

mass defect (in mass spectrometry)

マスディフェクト：（質量分析の分野では）原子，分子，イオンのノミナル質量からモノアイソトピック質量を差し引いた値．正と負のいずれの値もとりうる.

注 1：負のマスディフエクト値についてマスエクセス (mass excess) という語を使用することは推奨されない.

注 2：核物理学における質量欠損 (mass defect) は，原子核を構成する核子の質量の和から原子核の質量を差し引いた値を意味し，原子核の全結合エネルギーに相当する.

mass discrimination

マスディスクリミネーション，質量弁別効果または**質量差別効果：**イオン種によって質量分析装置の見かけ上の感度に差異が生じること．その原因には質量分析のすべての構成要素がかかわっている.

mass excess

マスエクセス：非推奨用語．マスディフェクト (mass defect) 参照.

mass fragmentogram

マスフラグメントグラム：非推奨用語.

1）ガスクロマトグラフィー質量分析においてマススペクトルの特定の（一種類とは限らない）*m/z* 値をもつイオンの信号量のみを連続的に記録するように質量分析計を動作させ得たガスクロマトグラム．同義語の選択イオンモニタリングクロマトグラム (selected ion monitoring chromatogram) の使用を推奨.

2）ガスクロマトグラフィー質量分析において，一定の時間間隔で連続的にマススペクトルを測定しコンピューターに記憶させた後，特定の（一種類とは限らない）*m/z* 値における相対強度を読み出し時間に対してプロットしたガスクロマトグラム．同義語の抽出イオンクロマトグラム (extracted ion chromatogram) の使用を推奨.

mass fragmentography

マスフラグメントグラフィー：非推奨用語．ガスクロマトグラフィー質量分析においてマススペクトルの特定の（一種類とは限らない）*m/z* 値をもつイオンの信号量のみを連続的に記録するように質量分析計を動作させ，ガスクロマトグラムを得ること．同義語の選択イオンモニタリング (selected ion monitoring) の使用を推奨.

mass gate

マスゲート：ある一定の *m/z* 範囲のイオンを透過させるためのイオンゲート．イオンゲート (ion gate) 参照.

massive-cluster impact ionization (MCI)

マッシブクラスター衝撃イオン化：粒径がサブ μm 程度，質量が 10^7 u 以上，プロトン付加数が数十

〜数百のグリセリン多価クラスターイオンを，10〜20 kV で加速し，金属ターゲット板に塗布した液体マトリックス試料に衝突させてイオンを生成させる方法．試料調製法は高速原子衝撃と同じ．多価クラスターイオンはエレクトロハイドロダイナミックイオン化によって生成させる．

mass limit

質量限界または**制限質量**：ある質量分析計についてイオンの検出が可能な *m/z* 値の上限および下限．

mass mapping

マスマッピング：ペプチドマスフィンガープリンティング (peptide mass fingerprinting) の同義語．

mass marker

マスマーカー：磁場セクター型質量分析計において，磁束密度の大きさを検出するホール素子と組み合わせ，イオンの *m/z* 値を指示較正するための装置．または質量較正のための標準物質．

mass number

質量数：原子，分子，またはイオンを構成する陽子と中性子の数の合計．記号 A で表す．ノミナル質量 (nominal mass) 参照．

注：質量の値の意味で用いられることがあるが誤用である．

mass peak

マスピーク：ある特定の *m/z* のイオンが検出される際，極大値を含むマススペクトル上のイオン信号強度が相対的に高い領域．装置の分解能が十分ではない場合，*m/z* の異なる複数の成分に由来する信号が分離せずに単一のマスピークを構成することがある．

注 1：ピークはマススペクトルという測定結果に対する概念であり，ピークとイオンとは同義語ではない．よって両者を互換的に使用することはできない．横軸表記が *m/z* のマススペクトル上のピークに対して「ピークの質量」と表現することは不適切である．

注 2：ガスクロマトグラフィー質量分析や液体クロマトグラフィー質量分析の結果を示す際はクロマトグラフ上のピークとマススペクトル上のピークとが混同されないための配慮が必要である．

mass range

質量範囲：質量分析計におけるイオンの検出が可能な，あるいはマススペクトルを取得するための動作が可能な *m/z* の範囲．

mass resolution

質量分解度：マススペクトル上の隣接したピークの分離状態を客観的に評価するための指標．

注 1：ピーク幅法と 10% 谷法の二種類の定義が用いられている．値を表示する場合は質量分解度を求めた方法と計算に用いた *m/z* の計測値を添えて示す必要がある．

例：質量分解度 50,000 (FWHM @ *m/z* 500)

注 2：mass resolution が「質量分解能」と表記されることがあるが，質量分解度 (mass resolution) は測定結果であるマススペクトルを評価するための指標であるのに対し，

質量分解能 (mass resolving power) は質量分析装置の能力を評価するための指標である．

mass resolution: peak width definition

質量分解度（ピーク幅法）：マススペクトル上に観測されたピークの *m/z* の値を，そのピークの高さに対する一定の割合の高さにおけるピーク幅Δ (*m/z*) の値で割った値を質量分解度とする定義．ピークの高さの 50%, 5%もしくは 0.5%のピーク幅をΔ (*m/z*) の値として用いることが推奨されている．

注：単独の対称なピークで，ピークの高さの 5%から 10%の間のピーク形状が直線であるならば，5%幅法で定義される質量分解度は 10%谷法の定義と同等である．一般的には 50%幅である半値幅 (full width at half-maximum: FWHM) 法で定義する方法が用いられている．質量分解度（10%谷法）(mass resolution: 10 per cent valley definition) 参照．

mass resolution: 10 per cent valley definition

質量分解度（10%谷法）：高さが等しい隣接した 2 本のピークの谷の高さがピークの高さの 10%であった場合，いずれかのピークの *m/z* 値を 2 本のピークの差Δ (*m/z*) で割った値を用いる質量分解度の定義．隣接したピークの高さが同程度ではあるが同じではない場合は谷の高さが低いほうのピークの高さの 10%となる場合に適用する．質量分解度（ピーク幅法）(mass resolution: peak width definition) 参照．

mass resolving power

質量分解能：特定の質量分解度の値を得ることができる質量分析計の能力．質量分解度 (mass resolution) 参照．

注：質量分解度を表示する場合と同様，質量分解能の値を求めた方法と計算に用いた *m/z* の計測値を添えて示す必要がある．

例：質量分解能 50,000（10%谷 @ *m/z* 500）

mass selective axial ejection

質量選択的軸方向排出：質量選択的不安定性を利用して，ポールイオントラップから特定の *m/z* 値のイオンをイオントラップの軸に沿ってエンドキャップ方向に排出すること．

mass selective instability

質量選択的不安定性：ポールイオントラップに印加する交流電圧の適切な設定により観測される現象で，特定の *m/z* 範囲のイオンについて不安定な軌道を引き起こし，その結果これらのイオンはトラップから排除される．

mass spectral library

マススペクトルライブラリー：さまざまな化合物のマススペクトルを収集したもので，通常は信号強度と *m/z* 値のデータ列として表記される．モノアイソトピックマススペクトルから構成される場合もある．

mass spectrograph

質量分析器：イオンビームを *m/z* 値によって分離し，写真乾板などの焦点面検出器上にマススペクトルを結像させる装置．質量分析計 (mass spectrometer) とは区別される．

mass spectrometer

質量分析計：気相イオンの *m/z* 値と存在量を測定する装置．

mass spectrometric detector

質量分析検出器：ガスクロマトグラフから溶出されるさまざまな物質についての定性的および定量的なデータを与える検出器として用いられる質量分析計．溶出された化合物のマススペクトルは，化合物の化学的性質を反映する溶出時間よりも優れた同定の根拠となる．

mass spectrometric instrument

質量分析装置：質量分析計 (mass spectrometer) と質量分析器 (mass spectrograph) の両方を指す語．質量分析を行うための装置の総称．

mass spectrometric thermal analysis (MTA)

熱質量分析：物質を昇温しその物質から発生する揮発性物質を質量分析によって測定する方法．

mass spectrometry

質量分析または**マススペクトロメトリー**：質量分析装置，および質量分析装置を用いて得られる気相イオンの質量，電荷，構造，および物理化学的な特徴に関する分析結果を対象とする科学の一分野．

注 1：測定結果として得られるマススペクトルの独立変数は質量ではなく *m/z* である．よって厳密には *m/z* sepctrometry である．

注 2：質量分光またはマススペクトロスコピー (mass spectroscopy) という語は推奨されない．

mass spectrometry/mass spectrometry (MS/MS)

MS/MS（エムエスエムエス）：一段目の質量分析においてプリカーサーイオン（前駆イオン）を選択し，イオンを解離させた後に二段目の質量分析でそのプロダクトイオンの *m/z* 分離を行い検出する技法，およびそれらの結果を利用する研究分野．タンデム質量分析 (tandem mass spectrometry) の同義語．

注 1：技法には，プロダクトイオンスペクトル，プリカーサーイオンスペクトル，コンスタントニュートラルマスロススペクトル，コンスタントニュートラルマスゲインスペクトルを取得する手法，および選択イオンモニタリングがある．

注 2：二つ以上の質量分析部を備えた装置を用いる空間的タンデム質量分析 (tandem mass spectrometry in space)，およびイオントラップタイプの装置を用いる時間的タンデム質量分析 (tandem mass spectrometry in time) がある．

mass spectroscope

マススペクトロスコープ：質量分析計 (mass spectrometer) と質量分析器 (mass spectrograph) の両方を指す語であったが現在は推奨されない．質量分析を行うための装置の総称である質量分析装置

(mass spectrometric instrumenr) の使用を推奨.

mass spectroscopy

質量分光またはマススペクトロスコピー：非推奨用語．*m/z* 値と相対存在量によって解析される気相イオンの，フラグメント化を伴う，もしくは伴わない生成の過程によって成立する体系についての学問を指す語であったが，この意味も質量分析 (mass spectrometry) に含まれるため現在は推奨されない．

mass spectrum

マススペクトル：イオンビーム，または他の形態で集団を形成するイオンの相対存在量をそれらの *m/z* 値の関数としてプロットしたもの．

注：マススペクトルにおいて横軸の独立変数は，質量ではなく *m/z* なので厳密には *m/z* スペクトルである．1 価イオンの *m/z* 値は質量の値と数値的には等しかったことから，これまでマススペクトルと呼ばれてきたが，多価イオンの *m/z* と質量の値は等しくならない．

mass-to-charge ratio

質量電荷比：質量電荷比 (*m/q*) は，荷電粒子の質量を電荷（電気量）で割って得られる物理量．SI 単位は kg/C．質量分析では長年 *m/z* の同義語として用いられていたが，マススペクトルの横軸に表示される数値はイオンの質量をイオンの電荷で割った商ではない．したがってマススペクトルの横軸の物理量（独立変数）を指す用語として用いることは誤りである．*m/z* 参照．

Mathieu stability diagram

マシュー安定性ダイアグラム：透過型四重極質量分析計やポールイオントラップ (Paul ion trap) におけるイオン運動の安定性あるいは不安定性を表現した，変換座標系上に描かれるグラフ．マシュー微分方程式の適切な形式から導かれる．

matrix

マトリックス：高速原子衝撃や液体二次イオン化，マトリックス支援レーザー脱離イオン化，マッシブクラスター衝撃イオン化，液体イオン化などにおいて，分析の対象となる化合物を分散保持するためのもので，目的に応じて有機化合物，粘性液体，金属粉，あるいはそれらの混合物が用いられる．マトリックスは，イオン化に際してプロトン供与体あるいはプロトン受容体として働く試薬，原子衝撃やレーザー照射に対するエネルギー吸収・緩衝材，繰り返し測定や長時間測定を可能にする保持材などの役割を果たす．

matrix-assisted laser desorption/ionization (MALDI)

マトリックス支援レーザー脱離イオン化：固体または液体のマトリックス中に存在する試料にパルスレーザーを照射して気相のイオンを生成させる方法．マトリックスはレーザー光のエネルギーを吸収するとともに，試料のイオン化を補助する物質である．レーザー脱離イオン化 (laser desorption/ionization) 参照．

matrix-assisted plasma desorption (MAPD)

マトリックス支援プラズマ脱離：プラズマ脱離イオン化において，分析種を液体マトリックスや固体マトリックスに溶解させて脱離イオン化させる方法．プラズマ脱離イオン化 (plasma desorption/ionization) 参照．

matrix effects

マトリックス効果：試料から分析対象物質を抽出する際に同時に抽出される夾雑成分（マトリックス）のうち，その後の分離精製過程でも除去できなかった物質の影響により分析対象物質のイオン化効率が変化し，分析結果，特にイオン強度等の定量結果に及ぼす影響をマトリックス効果という．夾雑成分によるイオンサプレッション（イオン化抑制）やイオン化促進によってイオン強度が変化するので，夾雑成分を含まない標準試料を測定して得た検量線を用いて定量した場合，未知試料の分析対象物質の量は見かけ上増加したり減少したりする．エレクトロスプレーイオン化法など大気圧イオン化法を用いた場合にしばしば見られる．

matrix fast atom bombardment

マトリックス高速原子衝撃：高速原子衝撃 (fast atom bombardment) 参照．

Matsuda plate

松田プレート：偏向電場を発生する平行平板コンデンサー．電場の方向に収束作用をもっている．

Mattauch–Herzog geometry

マッタウホ・ヘルツォーク配置：二重収束質量分析器の配置の一つで，電場セクターによる $\pi/(4/\sqrt{2})$ ラジアンの偏向に続いて，磁場セクターによる $\pi/2$ ラジアンの磁場偏向を行う構成のこと．二重収束質量分析計 (double-focusing mass spectrometer) および質量分析器 (mass spectrograph) 参照．

McLafferty rearrangement

マクラファティ転位：カルボニル化合物の電子イオン化マススペクトルで生成される分子イオンからオレフイン分子が脱離するフラグメンテーション．不対電子が存在するカルボニル基から数えて γ 位にあたる炭素原子上の水素原子（通常 γ 水素原子と呼ぶ）が 6 員環遷移状態を経て不対電子部位に転位し，その結果 γ 位の炭素原子上に新しく生じた不対電子を起点とする開裂によってオレフイン分子が脱離する．本来この用語は，このフラグメンテーションの第一段階である水素原子の転位に用いられていたが，現在は第二段階まで含めてフラグメンテーション全体を指すことが多いので「マクラファティ開裂」というべきかも知れない．現在ではカルボニル化合物に限らず他の官能基に基づき同様なフラグメンテーションもマクラファティ転位（開裂）と呼ばれることがある．

measured accurate mass

測定精密質量：accurate mass 参照．

membrane inlet mass spectrometry

メンブレンインレット質量分析：メンブレン導入質量分析 (membrane introduction mass spectrometry)

の同義語.

membrane interface mass spectrometry

メンブレンインターフェイス質量分析：メンブレン導入質量分析 (membrane introduction mass spectrometry) の同義語.

membrane introduction mass spectrometry (MIMS)

メンブレン導入質量分析：溶液または大気中から分析種をイオン源に直接導入できる半透過性の膜状分離器を用いた質量分析の技法．メンブレンインレット質量分析 (membrane inlet mass spectrometry) あるいはメンブレンインターフェイス質量分析 (membrane interface mass spectrometry) とも称する.

membrane separator

膜状分離器または**メンブレンセパレーター**：キャリアガスより優先的に分析対象分子を選択的透過させるポリマー膜を用いたガスクロマトグラフ質量分析計のインターフェイス．これによって気相中の分析対象を濃縮することができる.

metastable ion (MI)

準安定イオンまたは**メタステーブルイオン**：解離エネルギーよりも高い内部エネルギーをもちながらイオン源を出るまでは分解しない寿命をもち，質量分析部に入ってから分解して検出されるイオン．安定イオン (stable ion) および不安定イオン (unstable ion) 参照.

metastable ion decay (MID)

準安定イオン分解または**メタステーブルイオン分解**：準安定イオンの分解.

metastable ion peak

準安定イオンピークまたは**メタステーブルイオンピーク**：準安定イオンが飛行中に分解して生じたイオンのピーク．強度の小さいブロードなピークとして出現することが多い.

metastable peak

準安定ピークまたは**メタステーブルピーク**：準安定イオンピーク (metastable ion peark) の同義語.

microchannel plate (MCP)

マイクロチャンネルプレート：それぞれが連続ダイノード電子増倍管として作用する多数の微細な導管を密集させた薄いプレート．荷電粒子，または高速の中性粒子，または光子をプレートに入射すると二次電子の連鎖的な増加が引き起こされ，最終的にプレートの反対側から増幅された電子が射出される.

microelectrospray (micro-ES)

マイクロエレクトロスプレー：送液の流量 1 μL/min 以下で行うエレクトロスプレーイオン化の技法．ナノエレクトロスプレー (nanoelectrospray) 参照.

milli-atomic mass unit

ミリ原子質量単位：非推奨用語．事実上，統一原子質量単位の千分の 1 量やミリダルトン (mDa) を意味するが，正式な定義はなく，単位として公認されていないので推奨できない．代わりにミリダルトン (millidalton, mDa) の使用を推奨．

milli-mass unit (mmu)

ミリマスユニット：非推奨用語．事実上，統一原子質量単位の千分の 1 量やミリダルトン (mDa) を意味するが，正式な定義はなく，単位として公認されていないので推奨できない．代わりにミリダルトン (millidalton, mDa) の使用を推奨．

molar mass, *M*

モル質量：物質すなわち元素単体あるいは化合物の単位物質量 (1 mol) 当たりの質量．単位は kg/mol もしくは g/mol.

注：無次元量である原子量，分子量，式量等と数値的には等しい．

molecular anion

分子アニオン：負の電荷をもつ分子イオン．

molecular beam mass spectrometry (MBMS)

分子ビーム質量分析：試料を速度分布の狭い平行な分子ビームにして質量分析計のイオン源に導入する技法．

molecular cation

分子カチオン：正の電荷をもつ分子イオン．

molecular effusion separator

分子エフュージョンセパレーター：ガスクロマトグラフから出てきた分析対象分子を含むガスを多孔質ガラス管に通すことで分子噴流とするガスクロマトグラフ質量分析計の接続部．

molecular ion

分子イオン：分子から 1 個もしくは複数個の電子が取り去られることにより生成する正イオン，または，分子に 1 個もしくは複数個の電子が付加されることにより生成する負イオン．ラジカルイオン (radical ion) 参照．

注：不対電子の存在は $M^{+\bullet}$ や $M^{-\bullet}$ のようにドット (・) を用いて表現する．

molecular mass ion

分子質量関連イオン：イオン化前の分子の測定質量の値を求めるために利用するイオン種の総称．電子が脱離もしくは付加した分子イオン，プロトンが付加したプロトン付加分子，ナトリウムイオンなどのカチオンが付加したカチオン付加分子などが用いられる．分子の測定質量はイオンの測定質量から，イオン化の際に付加もしくは脱離した荷電粒子の質量を加減することで求められる．

molecular protonated ion

分子プロトン付加イオン：非推奨用語．プロトン付加分子 (protonated molecule) の使用を推奨．

molecular-related ion

分子量関連イオン：非推奨用語．分子量情報の獲得に直接役立つイオン種の総称，または分子イオンとは異なるイオンを意味する擬分子イオン（pseudo-molecular ion または quasi-molecular ion）の代替語として使用されていた．定義が一義的でないこと，また質量分析は分子の相対質量の加重平均値である分子量を直接測定する分析法ではないにもかかわらず，質量分析が分子量を測定する分析法であるという錯誤を生じさせるおそれがあるため推奨されない．代わりに，モノアイソトピック質量などイオン化前の分子の測定質量の値を得るために必要なイオン種の総称としては分子質量関連イオン (molecular mass ion) を，分子イオン以外のイオン種を表す場合はイオン種に応じてプロトン付加分子 (protonated molecule) やナトリウムイオン付加分子 (sodium cationized molecule) など，または $[M+H]^+$, $[M+Na]^+$ などの化学表記を使い分けることを推奨．

molecular weight

分子量：分子を構成する原子の原子量の和．分子の式量．分子量は相対値（無次元量）なので，有次元量の質量に用いる単位（u, Da, g など）を付けて表記することは誤りである．

momentum dispersion

運動量分散：磁場に入射したイオンがその運動量によって異なる軌道をとること．磁場セクターの動作原理となる．

momentum separator

モーメンタムセパレーター：クロマトグラフとスプレー式のイオン源を含む質量分析計とのインターフェイスで排気ガス流またはスプレーガス流の中央部に細孔やスキマーを用いてサンプルを濃縮するインターフェイス．ガス流の進行方向に高いモーメントを持つ粒子はガス流の直交方向に拡散しにくい性質を利用している．

monodisperse aerosol generating interface for chromatography (MAGIC)

単分散エアロゾルインターフェイス：単分散エアロゾル発生器を備えた粒子ビームインターフェイス．

monoisotopic ion

モノアイソトピックイオン：各元素の天然における同位体存在度が最大の同位体のみを含むイオン．

monoisotopic ion peak

モノアイソトピックイオンピーク：マススペクトル上に出現するモノアイソトピックイオンに由来するピーク．他の同位体を含むイオンに由来するピークは同位体イオンピーク (isotopic ion peak) と呼ばれる．

monoisotopic mass

モノアイソトピック質量：各元素について天然における同位体存在度が最大の同位体の質量を用いて

計算したイオンまたは分子の計算精密質量.

monoisotopic mass spectrum

モノアイソトピックマススペクトル：各元素の天然における同位体存在度が最大の同位体のみを含むイオンを抽出したマススペクトル.

monoisotopic peak

モノアイソトピックピーク：モノアイソトピックイオンピーク (monoisotopic ion peak) の同義語.

moving belt interface

移動ベルトインターフェイス：輪状のベルトと 2 個以上の滑車を用いた液体試料用のインターフェイス. ベルトの上にスプレーまたは滴下された試料溶液がベルトの移動とともに真空系内へ輸送され，そこで気化あるいは脱離およびイオン化される.

MS/MS in space

空間的 MS/MS：空間的タンデム質量分析 (tandem mass spectrometry in space) の同義語.

MS/MS in time

時間的 MS/MS：時間的タンデム質量分析 (tandem mass spectrometry in time) の同義語.

MS/MS spectrum

MS/MS スペクトル：プロダクトイオンスペクトル (product ion spectrum) やプリカーサーイオンスペクトル (precursor ion spectrum) など MS/MS によって得られたマススペクトルの総称. 総称として用いる場合を除きプロダクトイオンスペクトル (product ion spectrum) やプリカーサーイオンスペクトル (precursor ion spectrum) などスペクトルの種類や分析法が特定できる用語を用いることが望ましい.

MS^n

MS^n（エムエス n 乗）：多段階質量分析 (multiple-stage mass spectrometry) を示す記号. たとえば，プリカーサーイオンの選択，解離とプロダクトイオンの分析という一連の操作を 2 回行う場合最終的に得られるのは二次プロダクトイオンであり，この多段階質量分析を MS^3 と表記する. 三連四重極質量分析計では $n=2$ だけであるが，イオントラップ質量分析計では $n \geqq 2$ の逐次的なプロダクトイオン分析が実施可能である.

MS^3 spectrum

MS^3 スペクトル：多くの場合，MS^3 の分析において 2 回目のプロダクトイオン分析によって得られるプロダクトイオンスペクトル（二次プロダクトイオンスペクトル：2nd generation product ion spectrum）に対して用いられている. しかし，MS^3 のどの段階のどのような分析法で取得したマススペクトルであるかの特定は難しく，解釈が曖昧な表現となるので推奨されない. 二次プロダクトイオンスペクトル (2nd generation product ion spectrum) の使用を推奨する.

multicollector mass spectrometer

マルチコレクター質量分析計：二重収束型の質量分析器の一種で，複数のファラデーカップを配列して *m/z* により空間的に分散させたイオンを同時に検出する．通常，元素の同位体比の計測用として誘導結合プラズマイオン源あるいはその他の元素分析に適したイオン源（二次イオン質量分析など）とともに用いる．

multidimensional protein identification technology (MudPIT)

多次元タンパク質同定法（MudPIT 法）：液体クロマトグラフィー質量分析を用いてタンパク質の同定を行うショットガンプロテオミクスのうち，クロマトグラフィーの分離空間を広げるために強陽イオン交換クロマトグラフィーと逆相液体クロマトグラフィーを組み合わせた多次元液体クロマトグラフィーを用いて行う方法．

multiphoton ionization (MPI)

多光子イオン化：光イオン化の一種で，複数個の光子の吸収によって原子または分子がイオン化する過程．

multiple collision

多重衝突：イオンが衝突ガス分子に多数回衝突する過程．多重衝突が起こるとプロダクトイオンの生成量は衝突ガス圧に比例しなくなり，衝突頻度が高くなるに従い副次的な反応が起こり運動量移行も大きくなる．イオントラップや比較的長い衝突セルを備え，イオンが低速で通過する三連四重極質量分析計における衝突誘起解離などで起こる．その場合の解離の程度は，多重衝突によって得る内部エネルギーの総量に強く依存する．

multiple ion detection (MID)

多重イオン検出：非推奨用語．ガスクロマトグラフィー質量分析において，マススペクトルを取得する代わりに，複数の特定の *m/z* 値をもつイオンの信号量のみを連続的に記録するように質量分析計を動作させること．同義語の選択イオンモニタリング (selected ion monitoring) の使用を推奨．

multiple reaction monitoring (MRM)

多重反応モニタリング：複数のプリカーサーイオンとプロダクトイオンの組み合わを選択して複数のプロダクトイオンの信号量を検出する選択反応モニタリング (selected reaction monitoring)．選択反応モニタリング (selected reaction monitoring) 参照．

multiple-stage mass spectrometry

多段階質量分析：イオンの選択，解離，*m/z* 分離を 2 回以上繰り返して *n* 次プロダクトイオンのマススペクトルを取得する分析法．MS^n 参照．

multiply-charged ion

多価イオン：複数の電荷をもつイオン．

例：M^{3+}, M^{3-}, $[M+5H]^{5+}$, $[M-5H]^{5-}$ など．

multiply deprotonated molecule

多価脱プロトン分子または**多価脱プロトン化分子**：中性分子 M から複数のプロトン H^+を取り去って生成した多価の負イオン $[M-nH]^{n-}$．エレクトロスプレーイオン化によるペプチド，タンパク質，核酸などの負イオン測定等で観測される．

multiply protonated molecule

多価プロトン付加分子：中性分子 M に複数のプロトン H^+が付加して生成したイオン $[M+nH]^{n+}$．プロトン受容部位を複数もつペプチドやタンパク質をエレクトロスプレーイオン化によって測定するときに生成する多価の正イオンがその典型例．

m/z

***m/z* (m over z)**：イオンの質量を統一原子質量単位で割って得られる相対質量をイオンの電荷数で割って得られる無次元量．相対質量電荷数比．表記に際しては，必ず小文字の斜体（イタリック体）で，空白を挿入しないで記述する．電荷数 (charge number) および統一原子質量単位 (unified atomic mass unit) 参照．

注 1：質量電荷比 (mass-to-charge ratio) をマススペクトルの横軸の独立変数として表記することは推奨されない．マススペクトルの横軸の独立変数は *m/z* であり，質量の単位（kg, u, Da 等）で表記する有次元量のイオンの質量を電気量の単位クーロン (C) で表記する有次元量のイオンの電荷（電気量）で割って得られる商とは異なる値である．

注 2：*m/z* の数値を示す際は，*m/z* = 100 のように等号を用いるよりも，*m/z* 100 のような表記を推奨．

nanoelectrospray (nano-ES)

ナノエレクトロスプレー：100 nL/min より低い流量で行うエレクトロスプレーイオン化の技法．一般に，ポンプなどを用いて送液しないことでマイクロエレクトロスプレー (micro-electrospray) と区別される．

nanospray

ナノスプレー《商標》：ナノエレクトロスプレー (nanoelectrospray) の同義語．この用語の使用は商標登録された製品の記述に対してのみ認められる．

natural isotopic abundance

天然同位体存在度：ある元素を構成する全原子数に対する特定の同位体の原子数の割合．地球上の平均値，もしくは自然界の特定の場所の値として表す．

nebulizing gas

ネブライズガス，**ネブライザーガス**，**ネブライジングガス**，**噴霧ガス**または**霧化ガス**：エレクトロスプレーイオン化法や大気圧化学イオン化法等の大気圧イオン化法のイオン源において，キャピラリーから噴霧された試料溶液を強制的に気化させるために流す気体．通常は窒素ガスが用いられる．

needle voltage

ニードル電圧：ノズル・スキマー電圧 (nozzle–skimmer voltage) の同義語.

negative ion

負イオン：負の正味の電荷をもつ原子種または分子種.

例：$M^{-\cdot}$, $[M-H]^-$, $[M+Cl]^-$など

negative ion chemical ionization (NICI)

負イオン化学イオン化：負イオンが生成される化学イオン化．ハロゲンやニトロ基など電子親和力の大きな官能基をもつ化合物の電子捕獲による $M^{-\cdot}$ の生成，OH^- や F^- と試料分子 M とのプロトン移動反応による $[M-H]^-$ の生成，Cl^- と試料分子 M との付加反応によるイオン $[M+Cl]^-$ の生成などがある.

$e^- + M \rightarrow M^{-\cdot}$

OH^- or $F^- + M \rightarrow [M-H]^- + H_2O$ or HF

$Cl^- + M \rightarrow [M+Cl]^-$

neutral fragment reionization (NFR)

中性フラグメント再イオン化：加速されたイオンが衝突室などで分解するとき，分解生成物である中性フラグメントのみを再び高エネルギー衝突などによりイオン化すること．中性フラグメントの検出に利用する MS/MS (mass spectrometry/mass spectrometry) の一種.

neutral loss

ニュートラルロス：フラグメンテーションによってプリカーサーイオンから電荷をもたない化学種が取り去られること.

neutral loss scan

ニュートラルロススキャン：コンスタントニュートラルマスロススキャン (constant neutral mass loss scan) の同義語

neutralization reionization mass spectrometry (NRMS)

中性化再イオン化質量分析：*m/z* 値に応じて分離したイオンを金属蒸気などの衝突ガスが封入された衝突室へ導き，衝突ガスへの電荷移動などによって中性化（電荷を中和）し，残っている中性化されなかったイオンを偏向電場などで取り除いた後，中性種のみを別の衝突室で衝突ガスによって再びイオン化し質量分析するタンデム質量分析の技法．イオン収率は低下するが，フラグメンテーションの中間体や不安定化学種の研究に利用できる.

Nier–Johnson geometry

ニヤー・ジョンソン配置：二重収束質量分析計において，電場セクターによる $\pi/2$ ラジアンの偏向の後に，$\pi/3$ ラジアンの磁場偏向をもつように磁場セクターを配置した装置．二重収束質量分析計 (double-focusing mass spectrometer) 参照.

nitrogen rule

窒素ルール：C, H, O, S, P またはハロゲン元素を含む有機化合物は，奇数個の窒素原子を含むとノミナル質量が奇数になるという法則.

nominal mass

ノミナル質量：各元素の天然存在度が最大の同位体の質量に最も近い整数値を用いて計算したイオンまたは分子の質量．単位は統一原子質量単位 (u) もしくはダルトン (Da).

例：組成式 $C_8H_7NO_4$, 分子量 181.15 の 4- ニトロ安息香酸メチル (methyl 4-nitrobenzoate) のノミナル質量は 8×12 Da $+ 7 \times 1$ Da $+ 1 \times 14$ Da $+ 4 \times 16$ Da $=$ 181 Da

non-classical ion

非古典的イオン：通常の原子価構造式の規則に従って書いた構造式のままの構造をもつイオンではなく，等価な，複数の構造式の共鳴混成体として表されるイオンで，電荷をもつ炭素原子が 5 配位になるイオン.

normal geometry

正配置：順配置 (forward geometry) の同義語.

nozzle–skimmer collision–induced dissociation

ノズル・スキマー衝突誘起解離：キャピラリー・スキマー衝突誘起解離 (capillary–skimmer collision–induced dissociation) の同義語.

nozzle–skimmer dissociation

ノズル・スキマー解離：エレクトロスプレーイオン化や大気圧化学イオン化などの大気圧イオン化法において，ノズルとスキマーの間で起こる衝突活性化解離.

注：この過程は，ノズル・スキマー電圧の最適値より高い値に設定したときに起こる.

nozzle–skimmer voltage

ノズル・スキマー電圧：ノズルとスキマーの間に印加される電位のこと.

***n*th generation product ion**

***n* 次プロダクトイオン：**プリカーサーイオンの選択と解離あるいはその他の反応を多段階繰り返して得られるプロダクトイオンのことで，*n* はその繰り返しの段数を表す．たとえば次のような 4 段階の解離過程

$$M_1^+ \rightarrow M_2^+ \rightarrow M_3^+ \rightarrow M_4^+ \rightarrow M_5^+$$

において，M_4^+ は M_5^+ のプリカーサーイオンであるとともに，M_3^+ の一次プロダクトイオンであり，同時に M_2^+ の二次プロダクトイオンであり，M_1^+ の三次プロダクトイオンでもある．多段階質量分析 (multiple-stage mass spectrometry) 参照．孫娘イオン (granddaughter ion) という語は推奨されない.

***n*th generation product ion spectrum**

***n* 次プロダクトイオンスペクトル**：該当する次数の *n* 次プロダクトイオンを検出したマススペクトル．

octapole

八重極または**オクタポール**：8 本の円柱電極の中心軸が，正八角形の頂点になるように平行に並べたもの．直流電圧のみを印加した場合は八重極レンズ (octapole lens) になり，イオンビーム光学系の高次収差補正用に用いる．交流電圧を印加した場合はイオンガイドになり，直流電圧と交流電圧を印加し電圧値を変化させると質量分析部として機能する．イオンガイド (ion guide) 参照．

odd-electron ion

奇数電子イオン：電子数が奇数のイオン．たとえば分子イオン $M^{+\bullet}$．ラジカルイオン (radical ion) 参照．

odd-electron rule

奇数電子ルール：偶数電子ルール (even-electron rule) 参照．

oil diffusion pump

油拡散ポンプ：油蒸気を用いる拡散ポンプ．真空装置への油蒸気の逆流を防止するため，高真空側に液体窒素トラップを配置した構成が一般的．この場合 10^{-7} Pa 以下の真空度まで到達できる．拡散ポンプ (diffusion pump) 参照．

oil sealed vacuum pump

油回転ポンプ：ロータリーポンプ (rotary vane pump) 参照．

180°/*n* magnetic sector

180°/*n* 磁場セクター：π/n ラジアン磁場セクター (π/n rad magnetic sector) の同義語．

onium ion

オニウムイオン：ヘテロ原子（窒素や酸素など）と他原子との結合において，ヘテロ原子の原子価から予想される通常の配位数よりも一つ多い配位数になるような単結合を形成することにより電荷を持ったイオン．オキソニウムイオン，アンモニウムイオン，スルフォニウムイオン，ニトロニウムイオン，ジアゾニウムイオン，フォスフォニウムイオン，ノロニウムイオンなど．広義には，ヘテロ原子のもつ非共有電子対が共役することによって形式的に（共鳴構造の一つとして）原子価より一つ大きな配位数となり，電荷をもつ場合もオニウムイオンと呼ばれることがある．

orbitrap

オービトラップ《商標》：キングドントラップ (Kingdon trap) の原理に基づく電場型のフーリエ変換質量分析計．この用語の使用は商標登録された製品の記述に対してのみ認められる．

organic secondary ion mass spectrometry

有機二次イオン質量分析：有機化合物試料を金属ターゲット板に塗布し，そこに数 keV～数十 keV

に加速した一次イオン（Ar^+, Xe^+, Cs^+など）を衝突させ，試料から二次イオンを生成させる方法．スタティック二次イオン質量分析 (static secondary ion mass spectrometry) の一種．

orthogonal acceleration

直交加速：直交引き出し (orthogonal extraction) の同義語．

orthogonal electrospray

直交型エレクトロスプレー：スプレーの角度とサンプリングコーンの軸が直角となる配置で行うエレクトロスプレーイオン化法．

orthogonal extraction

直交引き出し：質量分析部（代表的なものとして飛行時間型質量分析計）の中に向けて，元の進行方向と直角にイオンをパルス加速する技法．イオン源，イオン移動度スペクトロメトリーのドリフトチューブ，または他の質量分析部などから取り出されたイオンに対して行う．直交加速 (orthogonal acceleration) ともいう．

parent ion

親イオン：非推奨用語．プリカーサーイオン (precursor ion) の使用を推奨．

parent ion scan

親イオンスキャン：非推奨用語．プリカーサーイオンスキャン (precursor ion scan) の使用を推奨．

parent ion spectrum

親イオンスペクトル：非推奨用語．プリカーサーイオンスペクトル (precursor ion spectrum) の使用を推奨．

partial charge exchange reaction

部分的電荷交換反応：部分的電荷移動反応 (partial charge transfer reaction) の同義語．

partial charge transfer reaction

部分的電荷移動反応：イオン電荷の一部が中性種に移行する中性種とイオンとの反応．

partial isotopic scrambling

不完全同位体スクランブリング：同位体の異なる複数種のイオンまたは中性種において，特定の原子部位の原子がランダムに変わることを同位体スクランブリングと言い，その現象がまだ不完全で平衡状態に達していない状態．

注：質量分析では通常，ある特定の同位体組成で生成された孤立状態のイオン内部における不完全な同位体の混合を意味する．

particle beam (PB)

パーティクルビーム：液体クロマトグラフと質量分析計のインターフェイスに利用される．揮発性溶媒を用いた液体クロマトグラフィーの溶出液を微小液滴として噴霧，溶媒を加熱気化させた後，ジェットセパレーターなどで溶媒などの小分子を排気することによって生成する乾燥した固体微粒子のビームをイオン化室へ導き，電子イオン化や化学イオン化でイオン化する．

particle beam interface

粒子ビームインターフェイス：液体クロマトグラフと質量分析計のインターフェイスの一種で，流出物を加熱キャピラリーに通すことにより気化・膨張させて，エアロゾルを含む蒸気噴流を形成し，運動量分離器として作用するスキマーを介してイオン源に導入する．スキマーを通過したビームは加熱体の表面に衝突し，表面での化学イオン化によって，あるいはイオン化室での蒸気成分の電子イオン化または化学イオン化によってイオンを生成する．

pascal (Pa)

パスカル：圧力の SI 単位で Nm^{-2} に等しい．1 Pa = 10 μbar, 133 Pa = 1 Torr = 1 mmHg.

Paul ion trap

ポールイオントラップ：イオントラップの一種で，設定値より高 *m/z* 側のイオンをとどめながら低 *m/z* 側のイオンを排出できる．イオンを閉じ込めるための安定な軌道運動は，リング状電極とエンドキャップ電極対の間に印加した交流電圧に依存し，その関係はマシュー方程式の適切な形式によって記述される．イオンの排出を始める *m/z* 値の動作点を交流電圧で制御する．イオントラップ (ion trap) およびマシュー安定性ダイアグラム (Mathieu stability diagram) 参照.

peak (in mass spectra)

ピーク：（マススペクトルにおける）マスピーク (mass peak) 参照.

peak height (in mass spectra)

ピークの高さ：（マススペクトルにおける）ピークの頂点の信号値と頂点の *m/z* におけるベースラインの信号値との差．ピークの頂点の信号値と頂点から横軸に下ろした垂線がピークの両すそを結ぶ直線と交わる点における信号値との差をピークの高さとすることもある．

peak intensity

ピーク強度：一般にピークの高さのこと．

peak matching

ピークマッチング：コンピューター化されたデータシステムが登場する以前の走査方式の質量分析計を用いてイオンの *m/z* 値を高確度に測定する手法．未知イオンのピークと既知の *m/z* 値をもつ参照イオンのピークをスクリーン上で交互に表示し，電場強度を適切に調節してピークが重なり合ったときの条件から未知イオンの *m/z* 値を導出する．

peak parking

ピークパーキング：液体クロマトグラフィー質量分析において，クロマトグラフィーのピークの立ち上がりに移動相の流速を大きく減速させ，マススペクトルの取得時間を延長させる方法．ピーク幅が狭く，分析対象化合物のスペクトルデータを十分量取得することができない場合に利用する.

peak stripping

ピークストリッピング：誘導結合プラズマ質量分析計を用いた元素分析や同位体比質量分析において，分析対象とは異なる元素由来の同重体が混入し，検出される場合に用いられる補正法の総称．実際に測定されたピーク強度の値から混入している元素の天然同位体存在度に基づき同重体元素が寄与していると考えられる値を減じる手法であり，インターフェアリングエレメントコレクション (interfering element correction) やピークオーバーラップコレクション (peak-overlap correction), オンピークバックグラウンドコレクション (on peak background correction) などがある.

Penning ionization

ペニングイオン化：2 個ないしそれ以上の中性の気相化学種のうち少なくとも一つが励起状態にあるとき，それらの相互作用によって起こるイオン化．このときの通常の励起状態は高リードベルグ状態である.

注：ペニングイオン化と化学反応をともなう化学電離は異なる.

Penning ion trap

ペニングイオントラップ：静磁場と静電ポテンシャルの谷によってイオンの閉じ込めを行うイオントラップ．トラップ軸に平行な磁場によりイオンの運動は磁力線の周りの円軌道に束縛され，軸方向の運動は静電ポテンシャルの谷に制限される．フーリエ変換イオンサイクロトロン共鳴質量分析計の質量分析部として用いられる.

peptide mass fingerprinting (PMF)

ペプチドマスフィンガープリンティング：未知のタンパク質を酵素的もしくは化学的に断片化したペプチド混合物を質量分析することによって得たペプチドマスリストを，データベースに登録されている既知のタンパク質の配列情報から計算したペプチドマスリストと比較し，実験値と最も近似するリストを検索することによってタンパク質の同定を行う方法.

peptide sequence tag

ペプチド配列タグ：ペプチドのアミノ酸配列の解析に利用できる連続したフラグメントイオンの質量.

Photodissociation

光解離：反応イオンまたは分子が 1 個または複数の光子を吸収して解離する過程.

photographic plate recording

写真乾板記録法：イオンビームに露光させた写真乾板を現像することでイオン電流を記録する方法.

注：*m/z* で分離したイオンビームを焦点面に収束させるマッタウホ・ヘルツォーク配置の磁場セクター型装置などにおける典型的な記録方法.

photo-induced dissociation (PID)

光誘起解離：光子の吸収によりイオンの内部エネルギーが上昇し，解離に至る現象．特に共鳴準位に相当する波長の1光子または2光子の吸収による電子状態の励起に基づいた解離過程．赤外光の多光子吸収による振動励起解離とは区別される．赤外多光子解離 (infrared multiphoton dissociation) 参照．

photoionization (PI)

光イオン化：原子または分子が光子の電磁波エネルギー ($h\nu$) を吸収することによってイオン化すること．

photon impact

光子衝撃または**フォトン衝撃**：非推奨用語．光イオン化 (photoionization) の使用を推奨．

***π /n* rad magnetic sector**

***π /n* ラジアン磁場セクター**：イオンビームを磁場によってπ/n ラジアン ($180°/n$) 偏向させる配置の磁場セクター（$n>1$）．

plasma (in spectrochemistry)

プラズマ：（分光化学の分野では）部分的にイオン化したガスであり，電子，原子，イオン，及び分子といった様々な種類の粒子を含んでいる．プラズマは全体として電気的に中性状態にある．

plasma desorption/ionization (PDI)

プラズマ脱離イオン化：^{252}Cf に代表される放射性核種の核分裂の結果として生成した中性原子またはイオン（$^{106}Tc^{22+}$ や $^{142}Ba^{18+}$ など）の照射による固体試料中の物質のイオン化．試料を塗布した金属薄膜やセルロース膜の裏側から照射して試料イオンを脱離生成させる場合もある．核分裂片イオン化 (fission fragment ionization) の同義語．

pneumatically-assisted electrospray ionization

気流支援エレクトロスプレーイオン化：液体流の噴霧を気体の同心流で支援するエレクトロスプレーイオン化．高電圧を印加した金属キャピラリーに試料溶液を供給し，その外側の二重円筒キャピラリーから噴霧用の気体を噴出させることによって帯電液滴プルームの生成を容易にする．気流支援を用いないエレクトロスプレーイオン化に比べて，取り扱い可能な試料流量を増大できる．

point detector

ポイント検出器：イオンビームの収束点に配置し，飛来するイオンを検出する検出器．

pole-piece

ポールピース：イオンの軌道を偏向させる電磁石の磁極．

positive ion

正イオン：正の電荷をもつ化学種．

例：$M^{+\cdot}$, $[M+H]^+$, $[M+Na]^+$ など．

post-acceleration detector (PAD)

ポストアクセレーション検出器または**後段加速検出器**：*m/z* 分離後に高電圧を印加してイオンを加速し，増幅された信号を得る検出器．

post-source decay (PSD)

ポストソース分解：

(1) マトリックス支援レーザー脱離イオン化において，レーザー照射直後に生成したイオンがイオン源の加速場領域を出てからイオン自身の過剰内部エネルギーまたは残留ガスとの衝突によって分解すること．イオン源を出るまで分解せず，検出器（またはリフレクトロン）に達する間に分解するので準安定イオン分解に分類される．

(2) リフレクトロン飛行時間型質量分析計に特有の技法で，リフレクトロンに入る前の飛行管で生じた準安定イオン分解または衝突誘起解離のプロダクトイオンを *m/z* 値に基づいて分離し，プロダクトイオンスペクトルを得ること．リフレクトロン (reflectron) およびリフレクトロン飛行時間型質量分析計 (reflectron time-of-flight mass spectrometer) 参照．

precursor ion

プリカーサーイオンまたは**前駆イオン**：反応後に特定のプロダクトイオンを生じるイオン．この反応としては単分子解離，イオン分子反応，異性化，電荷状態変化などがある．親イオン (parent ion) という語は推奨されない．

precursor ion scan

プリカーサーイオンスキャンまたは**前駆イオンスキャン**：プリカーサーイオンスペクトルを得るための特定の走査法．親イオンスキャン (parent ion scan) という語は推奨されない．

precursor ion spectrum

プリカーサーイオンスペクトルまたは**前駆イオンスペクトル**：特定のプロダクトイオンを生じるプリカーサーイオンを検出するように設定したタンデム質量分析計によって取得されたマススペクトル．親イオンスペクトル (parent ion spectrum) という語は推奨されない．

注：検出器によって記録されるイオン電流はプロダクトイオン由来であるが，マススペクトルには断片化される前のプリカーサーイオンの *m/z* 値が記録される．

pre-ionization state

前期イオン化状態：自動イオン化の進行が可能になる電子励起状態．

principal ion

主イオン：同位体パターンの中で最大のピーク強度を示すイオン．イオンの化学組成によっては，天然存在比が最大の同位体から構成されるモノアイソトピックイオンが主イオンになるとは限らない．たとえば，$BBr_3^{+\bullet}$ の主イオンは $^{11}B^{79}Br_2^{81}Br^{+\bullet}$ に由来する *m/z* 250 のイオンである．同位体パターン (isotope pattern) 参照．

注：$^{13}CH_3^{+\bullet}$ や $CH_2D_2^{+}$ など人工的な同位体増加イオン (isotopically enriched ion) についても主イオンと称することがあるが，これらは正しくは同位体組成異性イオン（アイソトポロ

グイオン isotopolog ions）と定義される.

principal isotope

主同位体：ある元素において天然存在比が最大の同位体.

probability-based matching

確率ベースマッチングまたは**確率準拠マッチング：**スペクトルライブラリーを利用して混合物試料のマススペクトルから特定の化合物が試料中に存在することを調べるためのアルゴリズム. 化合物が試料中に存在する確率は信頼度 K によって与えられる. 2^K は試料由来のスペクトルと参照スペクトルと同じ一致度を与える別のスペクトルを見つけるまでに検索する必要なスペクトルの平均数.

product ion

プロダクトイオン：特定のプリカーサーイオンが関与する反応の生成物として生じるイオン. この反応としてはフラグメントイオンを形成する単分子解離, イオン分子反応, 電荷状態変化などがある. 娘イオン (daughter ion) という語は推奨されない.

product ion analysis

プロダクトイオン分析：特定の *m/z* のプリカーサーイオン（前駆イオン）を選択し, 開裂させた後に生成したプロダクトイオンの *m/z* 分離を行い, プロダクトイオンスペクトルを取得する技法. 娘イオン分析 (daughter ion analysis) という語は推奨されない.

product ion scan

プロダクトイオンスキャン：プロダクトイオンスペクトルを得るために行う特定の走査. 娘イオンスキャン (daughter ion scan) という語は推奨されない. また, 飛行時間型質量分析計のように走査を行わない装置を用いる場合は, プロダクトイオン分析 (product ion analysis) の使用を推奨.

product ion spectrum

プロダクトイオンスペクトル：特定のプリカーサーイオンから生じるプロダクトイオンを測定したマススペクトル. フラグメントイオンスペクトル (fragment ion spectrum) および娘イオンスペクトル (daughter ion spectrum) という語は推奨されない.

注：総称である MS/MS スペクトル (MS/MS spectrum) を用いてプロダクトイオンスペクトル (product ion spectrum) を表現することは推奨されない. MS/MS スペクトル (MS/MS spectrum) 参照.

profile acquisition

プロファイルアクイジション：プロファイルモード (profile mode) およびコンティニュアムアクイジション (continuum acquisition) の同義語.

profile mode

プロファイルモード：マススペクトルの記録方式の一つで各 *m/z* 値における信号強度を連続的に記録

し曲線としてスペクトルを表す方法．セントロイドアクイジション (centroid acquisition) 参照．

progenitor ion

プロジェニターイオン：プリカーサーイオン (precursor ion) の同義語．

prolate trochoidal mass spectrometer

トロコイド型質量分析計：選択したイオンがプロレートトロコイド曲線（外点余擺線）軌道を描くように電場と磁場を交差させることによって *m/z* 分離する質量分析計．サイクロイド型質量分析計 (cycloidal mass spectrometer) という語は推奨されない．

prompt fragmentation

プロンプトフラグメンテーション：インソース分解 (in-source decay) の同義語．

proteome

プロテオーム：ゲノムの支配を受け，特定の条件下で発現しているタンパク質の総体． PROTEin と genOME からなる造語．1994 年に M. R. Wilkins らにより提唱された．細胞，組織，器官や個体などのさまざまな空間的な次元や，個体発生や各種の刺激応答などにおけるさまざまな時間的な次元のプロテオームが存在している．プロテオミクス (proteomics) 参照．

proteomics

プロテオミクス：プロテオームの解析を主たる手段として生命現象の解明を目指す研究分野．質量分析法が主要技術として用いられる．プロテオーム (proteome) 参照．

proton affnity (PA)

プロトン親和力：絶対温度 298 K における分子やイオンにプロトンを付加させたときの反応熱，すなわちエンタルピー変化の負値 ($-\Delta H$)．分子間やイオン分子間などでプロトンの移動によりプロトン付加分子や多価プロトン付加分子を生成するとき，プロトンを受け取る側をプロトン受容体 (proton acceptor) といい，プロトンを与える側をプロトン供与体 (proton donor) という．プロトン供与体はプロトンを相手に与えたあと脱プロトン分子 $[M-H]^-$ となる．Brønsted 塩基はプロトン受容体であり，Brønsted 酸はプロトン供与体である．

protonated molecular ion

プロトン化分子イオン：非推奨用語．電子が脱離した分子イオンにプロトンが付加した化学種として解釈できる曖昧さがあるため，この語の使用は推奨されない．プロトン付加分子 (protonated molecule) の使用を推奨．

protonated molecule

プロトン付加分子：分子 M にプロトン H^+ が付加して生成したイオン $[M+H]^+$．

注 1：一分子あたりに付加したプロトンの数が *n* 個の多価プロトン付加分子の化学表記は $[M+nH]^{n+}$ を用いる．たとえば 3 価のプロトン付加分子の場合 $[M+3H]^{3+}$ と表記する．

注 2：擬分子イオン（pseudo-molecular ion または quasi-molecular ion）という語がプロトン付

加分子の意味で使用される場合があるがプロトン付加分子の同義語ではないので推奨されない.

proton-bound dimer

プロトン結合型二量体：同種の分子 M がプロトンを挟んで形成する二量体イオン ($M \cdots H^+ \cdots M$). または, 二種類の異なった分子 M_1 と M_2 がプロトンを挟んで形成するイオン ($M_1 \cdots H^+ \cdots M_2$) を意味する場合もある.

pseudo-molecular ion

擬分子イオン：非推奨用語. 分子イオン以外のイオン種の総称として用いられてきたが, イオン種を特定できない曖昧さがあるため推奨されない. イオン種に応じてプロトン付加分子 (protonated molecule) やナトリウムイオン付加分子 (sodium cationized molecule) など, または $[M+H]^+$ や $[M+Na]^+$ などの化学表記を使い分けることを推奨.

pyrolysis gas chromatography mass spectrometry (PyGC/MS)

熱分解ガスクロマトグラフィー質量分析：熱分解炉, ガスクロマトグラフ, および質量分析計を結合した装置を用い, 試料を熱分解して発生する生成物を測定する方法.

pyrolysis mass spectrometry (PyMS)

熱分解質量分析：試料を加熱分解し, 生成した気体をイオン源の中へ導入する質量分析手法.

quadratic field reflectron

二次曲線電場リフレクトロン：リフレクトロンの一種で, 入口からの距離の 2 乗に比例して電場強度が変化し, 並進運動エネルギー収差を高次項まで打ち消す. リフレクトロン (reflectron) 参照.

quadrupolar axialization

四極子アキシャル化または四重極アキシャル化：フーリエ変換イオンサイクロトロン共鳴質量分析計で, トラップされたイオンを四重極励起による衝突によってマグネトロン運動からサイクロトロン運動に移行させるための技法.

quadrupole ion guide

四重極イオンガイド：イオンガイド (ion guide) 参照.

quadrupole ion storage trap

四重極イオンストレージトラップ：ポールイオントラップ (Paul ion trap) の同義語.

quadrupole ion trap (QIT)

四重極イオントラップ：ポールイオントラップ (Paul ion trap) の同義語.

quadrupole lens

四重極レンズ：互いの中心軸が正方形の頂点になるように平行に並べた 4 本の柱状電極に直流電圧を

印加して双曲面電場を発生させイオンビームに対するレンズ作用をもたせたもの．収束作用と発散作用が互いに直交するので複数の四重極レンズを組み合わせるとイオンビームの断面形状を整形することができる．

quadrupole mass analyzer

四重極質量分析部：四重極電場の作用によりイオンを *m/z* 値に応じて分離する方式の質量分析部．四重極マスフィルター (quadrupole mass filter) の同義語．透過型四重極質量分析計 (transmission quadrupole mass spectrometer) 参照．

quadrupole mass filter

四重極マスフィルター：四重極質量分析部 (quadrupole mass analayzer) の同義語．透過型四重極質量分析計 (transmission quadrupole mass spectrometer) 参照．

quadrupole mass spectrometer (QMS)

四重極質量分析計：透過型四重極質量分析計 (transmission quadrupole mass spectrometer) の同義語．

quadrupole time-of-flight (QTOF) mass spectrometer

四重極飛行時間型質量分析計：四重極質量分析部と直交加速飛行時間型質量分析部を組み合わせたハイブリッド質量分析計．二つの分析部の間に四重極衝突室が挿入されている場合が多い．

quantitation by concatenated tryptic peptides (QCAT)

QCAT 法：トリプシン消化断片と同じ配列を有する複数の安定同位体標識ペプチドをサロゲート内標準物質として用いるタンパク質の絶対定量法．複数の内標準ペプチドが鎖状につながったタンパク質（QCAT タンパク質）をコードした遺伝子を組み込んだ大腸菌を同位体標識された基質を含む培地中で培養する．発現させた QCAT タンパク質を精製し，トリプシン消化することにとって同位体標識された内標準ペプチドを得る．

quasi-equilibrium theory (QET)

準平衡理論：Eyring の絶対反応速度論に基づいて Rosenstock, Wallenstein, Wahrhaftig および Eyring が 1952 年に発表したマススペクトルの理論．この理論の第一の仮定は，イオン化により生成したいろいろな励起電子状態にある分子イオンが解離前にその基底状態へ非放射性遷移 (non-radiative transition) により緩和することである．この仮定は，状態密度が大きい比較的大きな有機分子イオンの場合によく当てはまると考えられるが小さな分子では必ずしも成立しない．第二の仮定は，この電子基底状態にある分子イオンの挙動は Rice–Ramsperger–Kassel–Marcus 理論（RRKM 理論）などの遷移状態理論を含む統計理論により記述されるとしたことである．その後，遷移状態理論に関しては Miller が近似を高めた統一統計理論を提唱した．さらに Klots および Chesnavichi と Bowers らが全角運動量の保存をも考慮した位相空間理論 (statistical phase space theory) による準平衡理論の再構築を行い，運動エネルギー放出 (kinetic energy release) などを正しく評価できるようになった．

quasi-molecular ion

擬分子イオン：非推奨用語．分子イオン以外のイオン種の総称として用いられてきたが，イオン種を特定できない曖昧さがあるため推奨されない．イオン種に応じてプロトン付加分子 (protonated molecule) やナトリウムイオン付加分子 (sodium cationized molecule) など，または $[M+H]^+$ や $[M+Na]^+$ などの化学表記を使い分けることを推奨．

radial ejection

ラジアル排出：イオントラップからトラップ主軸と垂直な方向へのイオンの排出．

radial electrostatic field analyzer

ラジアル静電場分析部：静電場エネルギー分析部 (electrostatic energy analyzer) の同義語．電場セクター (electric sector) 参照．

radical anion

ラジカルアニオン：負の正味の電荷をもつラジカルイオン (radical ion)．

radical cation

ラジカルカチオン：正の正味の電荷をもつラジカルイオン (radical ion)．

radical ion

ラジカルイオン：不対電子をもつ正または負のイオン．分子 M から生じた分子イオンには $M^{+\bullet}$ のように不対電子の記号 (・) を電荷の記号に並べて上付き添え字で示す．電荷や不対電子を 2 個以上もつラジカルイオンは $M^{(2+)(2\bullet)}$ のように表す．不対電子と電荷が位置する原子を特定できる場合を除き，電荷記号の右側に不対電子の記号を記す．

Rayleigh limit

レイリー極限または**レイリーリミット：**帯電液滴から溶媒を蒸発させ液滴の電荷密度を増加させると液滴の分裂が起こる．液滴中の過剰電荷によるクーロン反発力が表面張力により液滴を維持している力を超えるためである．この液滴の分裂が起こり始める極限の電荷密度をレイリー極限と呼ぶ．エレクトロスプレーイオン化はこの作用を利用している．エレクトロスプレーイオン化 (electrospray ionization) 参照．

reactant gas

反応ガス：

(1) 化学イオン化において試料分子をイオン化するための反応イオンを生成するために用いるガス（CH_4, NH_3, iso-C_4H_{10} など）．試薬ガス (reagent gas) の同義語．

(2) イオントラップあるいは衝突室でイオン分子反応によってプリカーサーイオンからプロダクトイオンを生成するために用いられるガス．

reactant ion

反応イオン：化学イオン化において反応ガス（試薬ガス）から生じたイオンのうち試料分子のイオン

化に直接関与するイオン種.

例：CH_5^+, NH_4^+, t-$C_4H_9^+$など.

reagent gas

試薬ガス：化学イオン化において試料分子をイオン化するための反応イオン（試薬イオン）を生成するために用いるガス（CH_4, NH_3, iso-C_4H_{10} など）.

reagent ion

試薬イオン：反応イオン (reactant ion) の同義語.

rearrangement ion

転位イオン：イオン化やフラグメンテーションの過程で，原子または原子団がイオン内で別の部分へ移動した構造となったイオン.

rearrangement reaction

転位反応：転位イオンを生じる反応.

例：マクラファティ転位 (McLafferty rearrangement).

recombination energy

再結合エネルギー：イオン化した分子または原子に1個の電子を加えたときに放出されるエネルギーのこと．この逆過程において吸収されるエネルギーが垂直イオン化エネルギー (vertical ionization energy) の定義とされる.

reconstructed ion chromatogram

再構成イオンクロマトグラム：抽出イオンクロマトグラム (extracted ion chromatogram) の同義語.

reconstructed total ion current chromatogram

再構成全イオン電流クロマトグラム：全イオン電流クロマトグラム (total ion current chromatogram) の同義語.

rectilinear ion trap

レクティリニアイオントラップ：リニアイオントラップの電極形状や配置を簡略化したイオントラップの総称で，電極として双曲面をもつ電極や円柱形の電極を使っているリニアイオントラップに対して，直線的な多角形の電極からなるポールイオントラップ．もっとも単純なものは，高周波を印加した二対の直方体電極で，うち一対に直流電位を印加したものである．電極のスリットまたは細孔から帯電粒子が導入，または排出される.

reference ion

参照イオン：構造が正確にわかっている安定イオン．通常は構造既知の分子をイオン化して直接生成する．未知のイオンの構造と比較検証するために使用される.

reflector (in mass spectrometry)

リフレクター：（質量分析の分野では）リフレクトロン (reflectron) の同義語.

reflectron

リフレクトロン：飛行時間型質量分析計の構成要素の一つで，入射したイオンを静電場によって反対方向に押し戻す働きをする．リフレクトロンを用いると *m/z* 値が同じで並進運動エネルギーが異なるイオンも同時に検出器に到達できるようになり質量分解能が向上する．リフレクター (reflector) ともいう．イオンミラー (ion mirror) 参照.

reflectron time-of-flight mass spectrometer

リフレクトロン飛行時間型質量分析計：リフレクター飛行時間型質量分析計ともいう．加速領域を出た後のフィールドフリー領域の出口にリフレクトロンを配置して飛行するイオンを反対方向に押し戻し，再びフィールドフリー領域を飛行させてからイオン源寄りに配置した検出器によって検出する方式の質量分析計．イオンのもつ並進運動エネルギーの広がりによる飛行時間のばらつきを小さくして分解能を向上させる働きと，加速領域を出てからリフレクトロンに入射するまでに生成したプロダクトイオンを分離検出する機能を有する．また通常は，リフレクトロンの後方にも 2 台目の検出器を備えており，リフレクトロンを用いない場合には直線飛行型の装置（リニア飛行時間型質量分析計）としても動作する．ポストソース分解 (post-source decay) 参照.

relative abundance

相対存在量：イオンの存在量を相対的に表わした値．通常，マススペクトルの縦軸は検出器の応答値であり，必ずしもイオンの存在量とは一致しないことからマススペクトルの縦軸の測度として relative abundance（相対存在量）と表記することは適切ではない．相対強度 (relative intensity) 参照.

relative atomic mass

相対原子質量：原子量 (atomic weight) の同義語.

relative detection limit

相対検出下限または**相対検出限界：**試料中に存在する分析種の検出可能な最小濃度.

注 1：一般には空試験値の標準偏差の 3 倍を与える濃度として定義される．空試験値が小さい場合には測定装置のノイズレベルの3倍の信号強度を与える濃度として定義される.

注 2：慣用的に検出限界の意味で「感度」が用いられることがあるが，分析化学では検出限界と感度とは概念が異なるので混同すべきではない.

relative intensity (in mass spectrometry)

相対強度：（質量分析の分野では）マススペクトルにおいて，最大強度ピーク（基準ピーク）に対する当該ピークの強度比．通常は最大強度ピークの強度を 100 として規格化される.

注：強度は検出器の応答値であり，必ずしもイオンの存在量とは一致しないことからマススペクトルの縦軸の測度として relative abundance（相対存在量）と表記することは適切ではない.

relative isotope-ratio difference, *δ*

同位体比相対偏差：標準物質の同位体比と分析試料の同位体比がどれくらい隔たっているかを示す数値，同位体デルタ値$\delta = [(R_{sample} - R_{standard})/R_{standard}]$（$R$ は同位体比）の式で与えられる．

注 1：標準物質としては通常国際測定標準が用いられる．

注 2：アイソトポマーや同位体の存在量，イオン電流値，周波数，光減衰から計算されたデルタ値が相対偏差の値として用いられる．

注 3：同位体相対偏差の値は小さいので，同位体デルタ値 (isotope delta) は通常‰の記号を用いて千分率として表記される．

relative molecular mass

相対分子質量：分子量 (molecular weight) の同義語．統一原子質量単位に対する分子のモル質量の比（無次元量）．統一原子質量単位 (unified atomic mass unit) 参照．

注：モル質量 (molar mass) と同義ではない．

relative sensitivity coefficient

相対感度係数：スパークイオン源質量分析において，ある元素のスペクトル線の一つを基準 (1.00) としたときの各元素のスペクトル線の相対強度．

remote site fragmentation

リモートサイトフラグメンテーション：チャージリモートフラグメンテーション (charge remote fragmentation) の同義語．

repeller voltage

リペラー電圧：生成したイオンをイオン化室から質量分析部側へ押し出すための電極（リペラー）に印加する電圧．

residual gas analyzer (RGA)

残留ガス分析計：真空環境下で存在するガス分子の組成および分圧を測定するための質量分析計．半導体，液晶製造装置などに配置されているチャンバー内のプロセスガス分析，残留ガス分析，リークモニターなどの用途をはじめ広い範囲での真空装置に利用されている．

residual mass spectrum

残留マススペクトル：測定試料を導入しない状態で残存している物質によって得られるマススペクトル．大気中のガスや試料導入用の器具，イオン源，真空ポンプのオイルなどに由来する物質に起因し，バックグラウンド信号として測定試料のマススペクトルとの比較対照に用いる．バックグラウンドマススペクトル (background mass spectrum) 参照．

resolution (in mass spectrometry)

分解度：（質量分析の分野では）質量分解度 (mass resolution) の同義語．

resolving power (in mass spectrometry)

分解能：（質量分析の分野では）質量分解能 (mass resolving power) の同義語.

resonance-enhanced multiphoton ionization (REMPI)

共鳴多光子イオン化：多光子イオン化の一種で，1 光子吸収によって共鳴準位に電子励起された中性種に，その励起状態が持続する間に次の光子吸収が起こり段階的に多光子を吸収することによってイオン化準位を越えてイオン化する過程．中間的な励起準位を経由することによりイオン化断面積は極めて高くなる.

resonance ion ejection

共鳴イオン排出：イオントラップにおけるイオン排出方法の一種で，エンドキャップ電極あるいはトラップ電極に印加した補助的な高周波電位を用いる．その周波数を排除したいイオンの並進運動の振動周波数に同調させることで達成される．ポールイオントラップ (Paul ion trap) 参照.

resonance ionization (RI)

共鳴イオン化：共鳴多光子イオン化 (resonance-enhanced multiphoton ionization) の同義語.

retro Diels–Alder reaction

逆ディールス・アルダー反応またはレトロディールス・アルダー反応：環状アルケンの分子イオン ($M^{+\bullet}$) から，電荷をもたないジエンとアルケンのラジカルカチオン，あるいはジエンラジカルカチオンとアルケンが生成するイオンのフラグメンテーション機構．この反応は，形式的には有機合成におけるディールス・アルダー反応の逆反応である.

reverse geometry

逆配置：二重収束質量分析計の二種類のセクターの配置法のうち，イオン源から磁場セクター，電場セクターの順で配置する方法．二重収束質量分析計 (double-focusing mass spectrometer) 参照.

reverse library search

逆方向ライブラリーサーチ：未知化合物のマススペクトルを取得し，既知の化合物のマススペクトルライブラリーの中から最も類似するスペクトルを検索することにより未知化合物の同定を行う方法．その際に，スペクトル照合の有意な判定に必要なすべてのピークがライブラリーの中から検索されたマススペクトルに含まれているものと仮定し，未知化合物のマススペクトルにのみ含まれライブラリーのマススペクトルには含まれないピークは無視して照合する．マススペクトルライブラリー (mass spectral library) および順方向ライブラリーサーチ (forward library search) 参照.

RF-DC ion mobility spectrometry

RF-DC イオン移動度スペクトロメトリー：FAIMS 法 (high-field asymmetric waveform ion mobility spectrometry) の同義語.

RF-only quadrupole

RF オンリー四重極：四重極衝突室 (collision quadrupole) 参照.

Rice–Ramsperger–Kassel (RRK) theory

ライス・ラムスパージャー・カッセル (RRK) 理論：気相分子の単分子反応速度を記述する統計理論で，準平衡理論と同等であるが，気相での衝突によって遷移状態へ活性化する効果と遷移状態からの失活する効果が考慮されている．

注：RRK 理論では，反応分子と遷移状態分子とは同じ構造をもつと仮定し，反応分子が同一振動数の s 個のモードをもつという不自然な前提に立っているが，反応分子の実際の振動回転量子状態に基づいて反応速度定数を計算することにより，ライス・ラムスパージャー・カッセル・マーカス (RRKM) 理論に発展した．

Rice-Ramsperger–Kassel–Marcus (RRKM) theory

ライス・ラムスパージャー・カッセル・マーカス (RRKM) 理論：気相分子の単分子分解反応を記述する統計理論．Rice-Ramsperger-Kassel 理論においては，同項の注で述べられているように，計算を単純化するため様々な仮定が置かれているが，RRKM 理論ではそのほとんどが取り除かれ改善されている．たとえば反応には振動や回転の異なった基準モードが寄与するとし，またゼロ点エネルギーも考慮されている．この理論では，反応分子の持つ全内部エネルギーが活性成分と不活性成分とに配分され，そのうちの活性成分のエネルギーのみが内部モード間で自由に移動し分解反応に寄与すると考えられている．内部エネルギーの，この活性成分と不活性成分の比率は分配関数によって計算される．気相での分子間の衝突が重要となるような場合には，活性化と失活の速度はそれら分子のエネルギーにも関係し，極限の高圧状態では遷移状態と反応原系とが平衡状態となり，従来型の遷移状態理論と同じになる．

注：RRKM 理論は，いくつか修正することで，凝縮相の反応にも使用できる．

ring and double bond equivalent

環と二重結合等価数：従来から用いられている有機分子の不飽和の程度の見積．$X - Y/2 + Z/2 + 1$ で与えられ，X は炭素原子数，Y は水素原子またはハロゲン原子数，Z は窒素やリン原子数．

rings plus double bonds

環と二重結合数：非推奨用語．同義語の環と二重結合等価数 (ring and double bond equivalent) の使用を推奨．

rotary pump

ロータリーポンプまたは**回転ポンプ：**ロータリーベーンポンプ (rotary vane pump) の同義語．

rotary vane pump

ロータリーベーンポンプ：単にロータリーポンプ (rotary pump) または回転ポンプともいう．弁付の回転体を回転させて一定の体積まで吸気口より気体を吸い込み，その気体を排出口へ押し出して排気する真空ポンプ．大気圧から使用でき，到達真空度は 10^{-2} Pa 程度．ターボ分子ポンプなどの高真空ポンプの補助ポンプや，試料導入口の粗引きに使用される．シール材に油を用いていることが多く，その場合は油回転ポンプ (oil rotary pump) と呼ばれる．

saddle field gun

サドルフィールド銃：高速原子衝撃イオン化などにおいて，高輝度のイオンビームおよび高速原子ビームの生成に用いられる小型ビーム源．陽極を挟んで配置した二つの冷陰極間の鞍状電場中で，電子を振動運動させることにより気体放電を発生させている．このとき電子の路程を長くしてプラズマを維持・増強することで高輝度のビームを得る．

sampling cone

サンプリングコーン：差動排気チャンバーに通じる細孔のあるコーンで構成されるスプレーイオン源の一部．

注 1：サンプリングコーンとスキマーの両方を持つインターフェイスの場合，最初がサンプリングコーンであり，次がスキマーである．

注 2：キャピラリーをコーンの代用として用いることができる．

scan

走査または**スキャン**：マススペクトルなどを測定するため磁場や電場の強さなどを一方向へ連続的に変化させること．

注：マススペクトルを取得する際このような操作を行わない飛行時間型質量分析計やフーリエ変換質量分析計を用いる場合もスキャン (scan) と表現されることがあるが，推奨されない．

scan cycle time

スキャンサイクル時間：質量分析と別の分離技術と組み合わせた技法において，マススペクトルや 1 組のデータセット（マススペクトルと付随したプロダクトイオンスペクトルのデータセットや選択反応モニタリングのデータセット）を取得し始めてから，次のマススペクトルやデータセットを取得し始めるまでの時間．

secondary electron

二次電子：原子，イオン，電子，光子の（一次）ビームが金属面などに衝突した場合に放出される電子．質量分析ではイオン検出器の原理に利用される．

secondary electron multiplier (SEM)

二次電子増倍管：固体表面に入射した荷電粒子や光を電子に変換し，その電子を増倍する検出器．100 eV の電子 1 個を電極（たとえば Cu–Be 合金面）に当てると平均 2 個の電子が飛び出す．これを繰り返して電子を増倍する．多段の電極独立型のディスクリートダイノード電子増倍管と中空の半導体セラミックを用いた連続ダイノード電子増倍管がある．

secondary ionization

二次イオン化：一次ビーム（原子またはイオン）を照射することによって試料表面からイオンが放出される過程．

secondary ion mass spectrometry (SIMS)

二次イオン質量分析：Ar^+, $O_2^{+\bullet}$, Cs^+などのイオンビーム（一次イオン）を試料に照射したときに放出される試料のイオン（二次イオン）を質量分析するもので，固体試料（半導体材料など）の表面分析（元素分析）などに用いられる．有機化合物を測定する場合に液体マトリックスを用いるときには液体二次イオン質量分析 (liquid secondary ion mass spectrometry) とも呼ばれる．

secondary neutral mass spectrometry (SNMS)

二次中性粒子質量分析：二次イオン質量分析や高速原子衝撃などで試料表面から放出された中性粒子を，光イオン化を用いる技法や電子線照射やレーザー光照射などによりイオン化して質量分析する方法．二次イオン質量分析に比べてイオン生成効率のマトリックス効果が小さいことが特徴．半導体材料などの表面分析法の一つ．二次イオン質量分析 (secondary ion mass spectrometry) 参照．

second field-free region

第二フィールドフリー領域：通常，電場セクターと磁場セクターから構成される二重収束質量分析計において，イオン化室で生成したイオン種が加速領域を通り前段の電場セクター（または磁場セクター）を通過した後，後段の磁場セクター（または電場セクター）に進入する前に通過する，場のない部分．

second law treatment

第二法則処理：高温質量分析計を用いて絶対蒸気圧を求めた後，蒸気圧の対数値を絶対温度の逆数に対してプロットし，その傾きから標準蒸発エンタルピーの平均値ΔHv^0を求めるデータ処理法．熱力学第二法則に由来するのでこの名がある．第三法則処理 (third law treatment) 参照．

sector mass spectrometer

セクター型質量分析計：磁場セクターを 1 台，または複数用いてイオンを m/z 値に応じて分離する方式の質量分析計．これに加えて，並進運動エネルギー分離を行うための電場セクターを 1 台または複数備えることもある．二重収束質量分析計 (double-focusing mass spectrometer) 参照．

selected ion detection (SID)

選択イオン検出：非推奨用語．同義語の選択イオンモニタリング (selected ion monitoring) の使用を推奨．

selected ion flow tube (SIFT)

選択イオンフローチューブ：不活性ガスで搬送される特定の m/z 値のイオンとガス流の中に導入された分子とをイオン分子反応させるための装置．

selected ion monitoring (SIM)

選択イオンモニタリング：マススペクトルを取得する代わりに，特定の（一種類とは限らない）m/z 値をもつイオンの信号量のみを連続的に記録するように質量分析計を動作させること．液体クロマトグラフィー質量分析やガスクロマトグラフィー質量分析などで用いられる．

注：選択イオンモニタリングには多数の同義語がある．用語として選択イオンモニタリングの使用を推奨．

selected ion recording (SIR)

選択イオンレコーディング：非推奨用語．同義語の選択イオンモニタリング (selected ion monitoring: SIM) の使用を推奨．

selected reaction monitoring (SRM)

選択反応モニタリング：タンデム質量分析もしくは多段階質量分析 (MS^n) において，質量分析部の走査等によってプロダクトイオンスペクトルを取得する代わりに，特定の *m/z* 値のプリカーサーイオンを解離させて生じる特定の *m/z* 値のプロダクトイオンの信号量のみを連続的に検出するように質量分析計を動作させる技法．液体クロマトグラフィータンデム質量分析やガスクロマトグラフィータンデム質量分析などで用いられる．クロマトグラフィーにおいて対象化合物と同程度の保持時間を有し，かつ対象化合物のプリカーサーイオンと同じ *m/z* 値を与える爽雑物が存在していても，対象化合物から爽雑物からは生じない *m/z* 値のプロダクトイオンを選択することができれば夾雑物の影響を排除できるので，選択イオンモニタリングに比べて選択性が向上する．

注 1：選択するプリカーサーイオンとプロダクトイオンの *m/z* 値の組み合わせは一組とは限らない．複数の組み合わせを選択する選択反応モニタリングを特に多重反応モニタリング (multiple reaction monitoring: MRM) と呼ぶ．

注 2：多段階質量分析を利用する場合，特に連続反応モニタリング (consecutive reaction monitoring: CRM) と呼ぶ．

self-chemical ionization (self-CI)

自己化学イオン化：イオン化された分析種が反応イオンとして作用する化学イオン化．

sensitivity

感度：試料の導入量の変化量に対するイオン信号強度の変化量の強さ．少ない試料量の変化をイオン信号量の変化として確実に認識できるかを評価するための分析法の指標．検量線の傾きで表す．

注 1：検量線が直線ではない場合，試料の濃度や量の関数として表す．

注 2：検出可能な最小レベルを示す検出限界 (detection limit) の意味で「感度」が用いられることが多いが，分析化学においては「感度」と「検出限界」は異なる概念を表す用語である．

separator

セパレーター：ガスクロマトグラフ質量分析計においてガスクロマトグラフのカラムとイオン源との間におき，He などの質量の小さなキャリヤアガスの大部分を分離除去し，質量の大きな試料を濃縮してイオン源に導入するための部品．

sheath flow interface

シースフローインターフェイス：キャピラリー電気泳動装置をエレクトロスプレー質量分析計に接続するためのインターフェイスの一種．分離用のキャピラリーと同心円状の鞘（シース）とキャピラリーの間の同軸流路からメイクアップ液を送液し，キャピラリーの出口先端で泳動液と混合させる．

sheath gas

シースガス：配管によってエレクトロスプレー電極に同軸となるように導入され，スプレー液滴の生成を補助するためのガス．

sheath liquid

シース液：シースフローインターフェイスで使用するメイクアップ液．

shotgun proteomics

ショットガンプロテオミクス：生体試料由来のタンパク質成分をペプチダーゼによって断片化した複雑なペプチド混合物の液体クロマトグラフィータンデム質量分析を行い，試料中に含まれていたタンパク質を同定するプロテオミクスの手法．ボトムアッププロテオミクス (bottom up proteomics) 参照．

simple cleavage

単純開裂：フラグメンテーションにおいて転位反応を伴わず一つの結合だけが切れる反応．

single collision

１回衝突：多重衝突に対比される衝突過程で，イオンが衝突ガス分子と最大 1 回衝突すること．1 回衝突の条件下では，反応生成物の収率は衝突ガスの密度に比例する．長さ L の衝突セルに衝突ガス（密度 n）を導入して 1 回衝突の条件を確保するには$\sigma nL \ll 1$ を満たせばよい．ここでσはイオンと衝突ガス間の衝突断面積である．比較的短い衝突セルを備えた二重収束質量分析計を用いる衝突誘起解離において起こりやすい．

single-focusing mass spectrometer

単収束質量分析計：イオンの方向収束だけを行う一様な磁場を用いた質量分析計．二重収束質量分析計 (double-focusing mass spectrometer) 参照．

skimmer

スキマー：直径 1 mm 程度の細孔をもった円錐などの形状をした部品で，圧力隔壁に配置して高圧流体を低圧側に噴出させ分子線を生成するなどの用途に用いる．たとえばエレクトロスプレーイオン化のイオン源では，ノズル（またはキャピラリー）の出口に向き合うカウンター電極にもなり，イオン脱溶媒を促進する作用を担う．

skimmer collision-induced dissociation

スキマー衝突誘起解離：キャピラリー・スキマー衝突誘起解離 (capillary-skimmer collision-induced dissociation) の同義語．

soft ionization

ソフトイオン化：質量分析に利用されるイオン化の中で，エレクトロスプレーイオン化のように顕著なフラグメンテーションを起こすことなく気相のイオンを生成するイオン化法の総称．ハードイオン化 (hard ionization) に対比される．

solid fast atom bombardment

固体高速原子衝撃：高速原子衝撃 (fast atom bombardment) 参照.

sonic spray ionization (SSI)

ソニックスプレーイオン化：キャピラリー先端から流出する試料溶液を，亜音速の気流を用いて噴霧させイオンを生成させる方法．加熱も高電界もなしで起こる大気圧イオン化．高電界を印加すると多価プロトン付加分子の生成が促進される.

space charge effect

空間電荷効果：質量分析装置内での荷電粒子（イオンまたは電子）の密度が高く，クーロン相互作用が荷電粒子の集団運動に影響を及ぼす場合，この荷電粒子集団を空間電荷といい，集団運動への影響を総称して空間電荷効果という．一般的に空間電荷効果によって感度，質量分解能，質量確度などの質量分析装置の基本性能は低下する.

spark ionization

スパークイオン化：間欠的なコンデンサー放電で生じる火花放電により固体試料をイオン化すること.

spark source mass spectrometry

スパークイオン源質量分析：スパークイオン化イオン源を備えた装置で行う質量分析.

spectral skewing

スペクトル歪曲：クロマトグラフィー等で連続的に試料導入される際に試料濃度の変化に伴い各イオンの強度比が期待された強度比から変化する現象．主に四重極質量分析計で観測され，イオンをトラップするタイプの質量分析計や飛行時間型質量分析計では観測されない.

spike

スパイク：同位体存在比が試料中の目的物質と異なる物質で，同位体希釈質量分析において試料に添加する物質.

spray ionization

スプレーイオン化：キャピラリー先端などから流出する溶液試料を，加熱，高速気流，高電界などによって霧化させることでイオンを生成させる方法の総称.

例：エレクトロスプレーイオン化 (electrospray ionization)，サーモスプレーイオン化 (thermospray ionization)，ソニックスプレーイオン化 (sonic spray ionization) など.

sputtered neutral mass spectrometry

スパッタ中性粒子質量分析：二次中性粒子質量分析 (secondary neutral mass spectrometry) の同義語.

stability diagram

安定性ダイアグラム：マシュー安定性ダイアグラム (Mathieu stability diagram) 参照.

stable ion

安定イオン：内部エネルギーが低いためイオン源で生成してから検出されるまでに解離や転位反応を起こさないイオン．準安定イオン (metastable ion) および不安定イオン (unstable ion) 参照．

stable isotope mass spectrometry

安定同位体質量分析：同位体比質量分析 (isotope ratio mass spectrometry) の同義語．

stable isotope ratio analysis of amino acids in cell culture (SILAC)

SILAC 法：安定同位体標識されたアミノ酸を含む培地と非標識のアミノ酸を含む培地を用いて別々に培養された試料を同時に質量分析し，タンパク質の比較定量を行うプロテオミクスの技法．

stable isotope standards and capture by anti-peptide antibodies (SISCAPA)

SISCAPA 法：トリプシン消化断片と同じ配列を有する複数の安定同位体標識ペプチドをサロゲート内標準物質として用いるタンパク質の絶対定量法の一種．^{13}C 安定同位体標識されたリジンを含む培地中で無細胞タンパク質発現系によって複数の内標準ペプチドが鎖状につながったタンパク質をコードした遺伝子の転写・翻訳を行い，内標準ペプチドの安定同位体標識と合成を遺伝子工学的に行う．精製したタンパク質をトリプシン消化することにとって内標準ペプチドを得る．定量するペプチドは特異的な抗体を用いて検体より精製する．

static field

定常場：時間経過とともに変動しない一定の電場や磁場．

static secondary ion mass spectrometry

スタティック二次イオン質量分析：二次イオン質量分析のうち 1×10^{13} ions/cm^2 以下の一次イオン照射量で行う分析をスタティック二次イオン質量分析という．損傷を受ける試料表面の領域が無視しうるほど小さく，実質的には非破壊的な分析である．主として試料表面の成分分析や化合物の同定に利用される．

Stevenson's rule

スティーブンソン則：競合する複数のフラグメンテーション反応がある場合，通常中性分子とともに生じるプロダクトイオンのうちイオン化エネルギーの低いプロダクトイオンが多く生じる法則．

注：当初は奇数電子イオン $X-Y^{+\bullet}$ の σ 結合の単純開裂によって生じるフラグメントイオンの熱化学データの信頼性に言及していたが，現在はより一般的に用いられる．

stored waveform inverse Fourier transform (SWIFT)

スィフト法（SWIFT 法）：ポールイオントラップやフーリエ変換イオンサイクロトロン共鳴質量分析計においてイオンの励起電圧波形を作成する方法で，次の手順で処理する．まず励起スペクトルを周波数軸上にデザインする．これを逆フーリエ変換して時間軸の波形データを得る．これを励起電圧波形として用いる．励起スペクトルで個々のイオンに与える励起のエネルギーを設定できるのでイオンに対する選択性が高い．タンデム質量分析のプリカーサーイオン選択にも利用できる．

supercritical fluid chromatography/mass spectrometry (SFC/MS)

超臨界流体クロマトグラフィー質量分析：超臨界流体を移動相として用いる液体クロマトグラフィー質量分析の一種.

注：ハイフン (-) を用いて supercritical fluid chromatograpy-mass spectrometry (SFC-MS) と表記することも可能. ただし SFC/MS と SFC-MS のどちらか一方を分析方法の supercritical fluid chromatography/mass spectrometry と分析装置の supercritical fluid chromatograph/mass spectrometer（超臨界流体クロマトグラフ質量分析計）の略語として同時に用いることは適切ではない.

superelastic collision

超弾性衝突：衝突粒子の片方もしくは両方の内部エネルギーの一部が衝突によって並進運動エネルギーに変換された結果，高速で入射した衝突粒子の速度が衝突前よりもさらに速くなるような衝突過程. 第二種の衝突 (collision of the second kind) とも呼ばれる.

surface-assisted laser desorption/ionization (SALDI)

表面支援レーザー脱離イオン化または**表面物質支援レーザー脱離イオン化**：特定の表面物質上に付着させた試料分子のパルスレーザー光照射による脱離イオン化. シリコン上脱離イオン化 (desorption ionization on silicon) 参照.

surface-enhanced affinity capture (SEAC)

表面増強アフィニティ捕捉：表面増強レーザー脱離イオン化 (surface-enhanced laser desorption/ionization: SELDI) の旧称.

surface-enhanced laser desorption/ionization (SELDI)

表面増強レーザー脱離イオン化または**セルディ法（SELDI 法）**：試料中に含まれる特定の性質をもつ分析種を捕捉するような化学官能基や分子を表面に固定したターゲットプレートを用いるマトリックス支援レーザー脱離イオン化.

surface-enhanced neat desorption (SEND)

表面増強ニート脱離：エネルギー吸収性分子であるマトリックスを表面に化学的に結合させたターゲットプレート（SEND プローブ）を使用する表面増強レーザー脱離イオン化の一つのバージョン.

surface-induced dissociation (SID)

表面誘起解離：広義には衝突誘起解離の一手法で，加速したイオンを種々の固体表面に衝突させることによって解離させること. 解離の程度は衝突エネルギーや表面の種類に強く依存する.

surface-induced reaction (SIR)

表面誘起反応：反応イオンが固体表面と相互作用することにより反応イオンとは化学的に異なる生成物や反応イオンの内部エネルギー変化を生じる過程のこと.

surface ionization (SI)

表面イオン化：原子や分子が固体表面との相互作用でイオン化すること．この現象には使用する表面材料の仕事関数，表面温度，試料のイオン化エネルギーなどが関係している．狭義には Saha Langmuir の式で解釈できるイオン化．

surrogate internal standard

サロゲート内標準物質：内標準法において，試料調製時に生じる試料間の回収量の差を補正するために添加する，正確な量を知ることのできる化合物．内標準は測定対象化合物と化学的に類似し，測定対象化合物と分離測定が可能な化合物が用いられる．容量内標準物質 (volumetric internal standard) 参照.

注 1：質量分析による定量分析においては同位体標識化合物を用いることが多い．

注 2：「サロゲート」が略され単に「内標準物質 (internal standard)」と称されることが多い．

sustained off-resonance irradiation (SORI)

持続性準共鳴励起：フーリエ変換イオンサイクロトロン共鳴質量分析計で，低エネルギー衝突誘起解離などのイオン／ニュートラル反応を行う際に用いられる技法．反応イオンのサイクロトロン周波数に対してわずかに異なる周波数の交流電場を与え続ける間，反応イオンのサイクロトロン運動は加速と減速を周期的に繰り返す準共鳴状態になり，ペニングイオントラップのサイズをはみ出ることなく並進運動エネルギーの時間平均値を長時間にわたって高く維持できる．これによりイオンニュートラル反応での衝突励起を実現する．また，反応イオンをコヒーレントに運動させたい場合にも用いられる．低エネルギー衝突誘起解離 (low-energy collision-induced dissociation) 参照.

tandem mass spectrometer

タンデム質量分析計：MS/MS (mass spectrometry/mass spectrometry) を可能とする質量分析計.

tandem mass spectrometry

タンデム質量分析：MS/MS (mass spectrometry/mass spectrometry) の同義語.

tandem mass spectrometry in space

空間的タンデム質量分析：空間的に隔たる複数の質量分析部を備えた質量分析計を用いる MS/MS (mass spectrometry/mass spectrometry)．プリカーサーイオンの選択は前段の質量分析部で行われ，後段の質量分析部との中間領域でイオンを解離させ，後段の質量分析部でプロダクトイオンの *m/z* 分離を行いデータを取得する．空間的 MS/MS (MS/MS in space) ともいう．

tandem mass spectrometry in time

時間的タンデム質量分析：ポールイオントラップやフーリエ変換イオンサイクロトロン共鳴質量分析計など，1 台の質量分析部でプロダクトイオンスペクトルを取得する装置を用いる MS/MS (mass spectrometry/mass spectrometry)．プリカーサーイオンの選択とその解離，プロダクトイオンの解析は同一の質量分析部の異なる時間区分において逐次的に行われる．時間的 MS/MS (MS/MS in time) ともいう．

tandem quadrupole mass spectrometer

タンデム四重極質量分析計：四重極質量分析部を 2 台直列に置き，その間に *m/z* 分離を行わない多重極を衝突室として配置したタンデム質量分析計.

target gas

ターゲットガスまたは**標的ガス：**非推奨用語. 同義語の衝突ガス (collision gas) の使用を推奨.

Taylor cone

テイラーコーン：高電圧が印加されたキャピラリー先端に生成する円錐状の液体. エレクトロスプレーあるいは他の電気流体力学的スプレー過程で見られる.

thermal ionization (TI)

熱イオン化：原子や分子が加熱された固体表面と相互作用することによって正あるいは負のイオンを生成すること.

thermal surface ionization (TSI)

熱表面イオン化：表面イオン化の一つで，原子や分子が 1,000°C 程度に加熱された金属（W や Re）などの表面と接触相互作用することによって正あるいは負のイオンを生成すること.

thermogravimetry mass spectrometry (TG/MS)

熱重量質量分析：あらかじめ設定したプログラムにしたがって物質を昇温し，その物質の重量を温度の関数として測定する熱重量分析計を質量分析計と結合し，発生した揮発性物質の検出を行う方法.

thermospray (TS)

サーモスプレー：試料溶液に電解質イオンを反応イオンとして加え，数百 Pa 程度の中真空下でキャピラリー先端から加熱噴霧することにより試料のイオン化が生成する現象.

thermospray ionization (TSI)

サーモスプレーイオン化：サーモスプレー現象を応用したイオン化法. 電解質の添加だけではイオン化しにくい試料の場合には噴霧の後に放電イオン化や電子イオン化によってイオン化を促進させる. 液体クロマトグラフと質量分析計のインターフェイスとしても用いられる.

thin layer chromatography/mass spectrometry (TLC/MS)

薄層クロマトグラフィー質量分析：薄層クロマトグラフィーのプレート上をスキャンしながらプレート上に展開された試料を連続してイオン源に導入し質量分析を行う分析技法.

注：ハイフン (-) を用いて thin layer chromatograpy-mass spectrometry (TLC-MS) と表記することも可能. ただし TLC/MS と TLC-MS の一方を同時に分析方法の thin layer chromatography/mass spectrometry と分析装置の thin layer chromatograph/mass spectrometer（薄層クロマトグラフ質量分析計）の略語として用いることは適切でなない.

third law treatment

第三法則処理：高温質量分析計を用いて絶対蒸気圧を求めた後，各蒸気圧点について自由エネルギー関数の文献値または推定値を用いて，標準蒸発エンタルピーΔHv^0 (298 K) を求める手法．第二法則処理に比べ，測定温度毎に独立にΔHv^0が求められるので精度が高い利点があるが，自由エネルギー関数のデータを必要とする．第二法則処理 (second law treatment) 参照．

thomson (Th)

トムソン：*m/z* の単位として提案された未公認の単位．*m/z* は無次元量なので単位は不要．

time lag focusing (TLF)

タイムラグフォーカシング：飛行時間型質量分析計で用いられるエネルギー収束の方法で，気相中でのイオン生成と加速電圧パルス印加の間に遅れ時間をもたせることによって実現した．遅延引き出し (delayed extraction) に関連する用語．

time-of-flight mass spectrometer (TOF-MS)

飛行時間型質量分析計：ある一定のエネルギーで加速したイオンを真空のフィールドフリー領域で飛行させ，検出器に到達する時間の違いによってイオンを *m/z* 値に応じて分離する方式の質量分析計．リフレクトロン飛行時間型質量分析計 (reflectron time-of-flight mass spectrometer) 参照．

tolyl ion

トリルイオン：トルエンの炭素骨格と同一構造の偶数電子の$C_7H_7^+$イオン．環状炭素の一つから水素原子が脱離し，正電荷を持つ．トロピリウムイオン (tropylium ion)，ベンジルイオン (benzyl ion) 参照．

top-down proteomics

トップダウンプロテオミクス：予め酵素消化することなく，タンパク質分子そのものを質量分析するプロテオミクス．未消化タンパク質のマススペクトルや，未消化タンパク質由来のイオンをプリカーサーイオンとしてプロダクトイオンスペクトルを取得し，タンパク質の同定や翻訳後修飾等の解析を行う．ボトムアッププロテオミクス (bottom-up proteomics) の対語．

toroidal ion trap

トロイダルイオントラップ：ポールイオントラップの中心軸を含む断面の図形を考えたとき，この図形をリング電極の縁に接する一辺を軸にして回転させて得られる三次元形状はドーナツ状（トロイダル）になる．このような三次元構造に基づいたイオントラップデバイスをトロイダルイオントラップと呼び，そのトラップ領域はトロイダルになる．

Torr

トル：非推奨用語．1 Torr = 1 mmHg = (1013.25/760) mbar = (101325/760) Pa で換算される圧力の単位．圧力についてはSI単位パスカル（pascal, 単位記号 Pa）の使用を推奨．

total emission current

全放射電流：電子イオン化でフィラメントから放射される全電子電流値.

total ion chromatogram (TIC)

全イオンクロマトグラムまたは**トータルイオンクロマトグラム**：ガスクロマトグラフィー質量分析や液体クロマトグラフィー質量分析などにおいて，取得したマススペクトルの全体もしくは特定の広い *m/z* の範囲におけるイオンの検出器応答値の合計値をクロマトグラフィーの保持時間に対してプロットしたクロマトグラム.

注：略語 TIC を用いる場合は同じ略語が使用される全イオン電流 (total ion current: TIC) と混同されないよう留意する必要がある.

total ion current (TIC)

全イオン電流：ガスクロマトグラフィー質量分析などにおいて，質量分析装置に全イオンモニター (total ion monitor)，あるいはビームモニター (beam monitor) と呼ばれる特別な電極を設けて測定した *m/z* 分離が行われる直前のイオン電流値.

注：略語 TIC を用いる場合は同じ略語が使用される全イオンクロマトグラムまたはトータルイオンクロマトグラム (total ion chromatogram: TIC) と混同されないよう留意する必要がある.

total ion current chromatogram (TICC)

全イオン電流クロマトグラム：ガスクロマトグラフィー質量分析などにおいて，全イオン電流値を保持時間に対してプロットしたクロマトグラム.

total ion current electropherogram

全イオン電流電気泳動図：キャピラリー電気泳動質量分析において取得したマススペクトルから求められる全イオン電流値を泳動時間に対してプロットした電気泳動図.

total ion current electrophorogram

全イオン電流電気泳動図：total ion current electropherogram の同義語.

total ion current profile

全イオン電流プロファイル：液体クロマトグラフィー質量分析やキャピラリー電気泳動質量分析など，連続的に質量分析計に試料を導入する質量分析において，マススペクトルから取得した全イオン電流値 (total ion current: TIC) を保持時間や泳動時間などの時間に対してプロットしたチャートの総称．全イオン電流クロマトグラムや全イオン電流電気泳動図などが含まれる.

total ion detection (TID)

全イオン検出：非推奨用語．同義語の全イオンモニタリング (total ion monitoring) の使用を推奨.

total ion monitoring (TIM)

全イオンモニタリング：選択イオンモニタリング (selected ion monitoring) に対比される語で，液体クロマトグラフィー質量分析やガスクロマトグラフィー質量分析などにおいて，マススペクトルを取得する代わりに，検出されたすべてのイオン，もしくは特定の広い *m/z* の範囲のイオンの検出器応答値の総和を連続的に記録するように質量分析計を動作させること．

transmission efficiency

イオン透過率：質量分析部に入ったイオンの数と出たイオンの数の割合．

transmission quadrupole mass spectrometer

透過型四重極質量分析計：双曲面またはそれに相当する断面（多くの場合円柱で代用される）をもつ 4 本の柱状電極を互いの中心軸が正方形の頂点になるように平行に並べ，向かい合う柱状電極同士を配線で繋いだ装置を四重極という．これに直流電圧と交流電圧を印加して四重極電場を発生させる．このとき四重極の軸に垂直な面内のイオンの運動はマシュー微分方程式 (Mathieu equation) で表され，その解に基づいてある特定の *m/z* 範囲のイオンのみ振幅が大きくならず，四重極を軸方向に通過することができる．この四重極電場の作用により，イオンを *m/z* 値に応じて分離する方式の質量分析部を四重極質量分析部 (quadrupole mass analyzer) もしくは四重極マスフィルター (quadrupole mass filter) といい，これを備えた質量分析計が透過型四重極質量分析計である．マシュー安定性ダイアグラム (Mathieu stability diagram) 参照．

triple quadrupole mass spectrometer

三連四重極質量分析計または**トリプル四重極質量分析計：**透過型四重極質量分析部を 2 台直列に置き，その間に *m/z* 分離を行わない四重極（または他の多重極）を衝突室として配置したタンデム質量分析計．

trochoidal focusing mass spectrometer

トロコイド型質量分析計：英語表記としては同義語の prolate trochoidal mass spectrometer の使用を推奨．

troidal field

トロイダル電場：イオンの進行方向と直角方向の両方向に異なる曲率をもった電場．イオンのエネルギー選別とビーム形状の整形作用をもつ．

tropylium ion

トロピリウムイオン：7 員環構造の $C_7H_7^+$ イオン，非局在化したカルベニウムイオン，シクロヘプタトリエニリウム，シクロヘプタ-1,3,5-トリエンやそれらの置換基誘導体の CH_2 基から一つのヒドリドイオンが遊離することによって生成されたイオン．ベンジルイオン (benzyl ion)，トリルイオン (tolyl ion) 参照．

turbo molecular pump

ターボ分子ポンプ：交互に重ねた多段の回転翼（ローター）と固定翼（ステーター）で構成し，回転翼を分子の熱運動速度よりも大きな速度で回転させ，これに衝突する気体分子に常に一定方向の運動量を加えて気体分子を排気する型の高真空用真空ポンプ．補助真空を確保するため，前段にロータリーベーンポンプなどの補助ポンプが必要．質量の小さいガス（水素，ヘリウム）に対しては，これらの気体分子の速度が大きいため排気能力が低下する．油などの蒸気圧をもつ構成要素を使わないので清浄な超高真空が作れる．質量分析部の超高真空維持またはイオン源の差動排気に用いられる．

unified atomic mass unit (u)

統一原子質量単位：静止した基底状態の質量数 12 の炭素原子 1 原子の質量の 12 分の 1 の質量として定義され 1.660 538 782 (83) $\times 10^{-27}$ kg に等しい．記号 u で表す．原子や分子，イオンの質量を表す際に用いる．ダルトン (Da) と等しい．非 SI 単位であるが SI 単位と一緒に使用できる．質量分析において計測される荷電粒子の *m/z* 値に電荷数を乗じた値から質量を換算することができるが，SI 単位であるキログラム（単位記号 kg）ではなく，通常この統一原子質量単位を用いて表記される．

注：「統一」が省かれて「原子質量単位 atomic mass unit」と呼称され，その略語として amu が用いられることが多いが，これらは一義的な単位量を表記できないためその使用は推奨されない．かつて「原子質量単位」は質量数 16 の酸素原子の 16 分の 1 の質量という定義と，同位体の天然存在比を考慮した平均値である酸素の標準原子量 (standard atomic weight) の 16 分の 1 の質量という二種類の定義が存在し，研究分野によって使用している「原子質量単位」の定義が異なっていた．統一原子質量単位はこの混乱を解消するため ^{12}C を基準に新たに定義された．

unimolecular dissociation

単分子解離または**単分子分解**：イオン源において生成されたイオンまたは衝突によって励起されたイオンが単独で結合の開裂を起こして分解すること．

unit mass resolution

ユニットマス分解度：質量差約 1 u (1 Da) の二種の 1 価イオンのピークがピークの高さの 5〜10％程度の高さで重なり合うくらいにピーク分離している質量分解度．

注：ポールイオントラップまたは透過型四重極質量分析計によって取得されたマススペクトルの質量分解度を表現する際に用いられる．

unstable ion

不安定イオン：生成直後において構造不安定な性質または分解するほどエネルギーをもっており，生成された領域（イオン源あるいは衝突室など）を出る前に分解するイオン．インソース分解 (in-source decay)，準安定イオン (metastable ion) および安定イオン (stable ion) 参照．

vaporization coefficient

蒸発係数：自由蒸発速度とクヌーセンセルからの蒸発速度の比として与えられ，通常 α と表示する．気体分子運動論によれば，蒸発面に衝突する分子のうち α_c のみが凝縮するとき，平衡蒸気圧 P_e における凝縮流速 J_c は $J_c = \alpha_c P_e (2\pi MkT)^{1/2}$ となり，α_c は凝縮係数と呼ばれる．平衡状態では蒸発速度 J_v は $J_v = J_c$ となり，J_v に対応する α を α_c と表して狭義の蒸発係数と呼ぶこともある．α は温度とともに増加し，溶融状態ではほぼ 1 になる．クヌーセンセル質量分析計 (Knudsen cell mass spec-trometer) 参照．

velocity focusing

速度収束：イオンを一点から加速，射出し，その *m/z* 値が同じで速度がわずかに異なるイオン群が空間の特定の点に幾何学的に集められる場合，あるいは飛行時間型質量分析計の特定の位置に同一時間で到達する場合，これらの現象を速度収束という．

vertical ionization

垂直イオン化：分子内の原子の位置が変化するよりも速く，電子の脱離または付加が進行してイオンが生成する過程．通常は振動励起状態のイオンが生成する．

v-ion

v イオン：プロトン付加ペプチドが高エネルギー衝突誘起解離によって生成するプロダクトイオンの一種．y イオンが N 末端側残基の側鎖と水素原子一つを損失し，$H_2N^+=CH–CO–$ の構造となったイオン．

voltage scan

電圧走査：マススペクトルを測定するために，イオンの加速電圧もしくは電場の強さを変えて行う走査．後者は電場走査 (electric field scan) ということもある．

volumetric internal standard

容量内標準物質：実際に注入された試料液の容量を知るために試料溶液に一定量加える標準物質．

Wahrhaftig diagram

Wahrhaftig ダイアグラム：イオンの単分子分解反応（たとえば単結合のホモリティック開裂や転位を伴うフラグメンテーション）における相対寄与度を示すダイアグラム．そのダイアグラムは，イオンの内部エネルギーを共通の横軸にもつ二つの図から成る．一つ目の図の縦軸は反応速度定数の対数を示す．この図には二つのタイプの反応（単純開裂反応と転位反応）の速度定数が示されている．もう一つの図の縦軸はイオンの内部エネルギー分布関数を示す．

Wien filter

ウィーンフィルター：電場と磁場を直角にかけた速度選別器．

w-ion

w イオン：プロトン付加ペプチドが高エネルギー衝突誘起解離によって生成するプロダクトイオンの一種．N 末端側アミノ酸残基の側鎖にγ炭素が存在する場合，z イオンのγ炭素以降の部分が解離し，N 末端側のアミノ酸残基が $R'–CH=CH–CO–$ の構造となる．

x-ion

x イオン：イオン化されたペプチド分子の主鎖の Cα–C 結合が開裂することによって生成したフラグメントイオンで C 末端を含んだもの．

y-ion

y イオン：イオン化されたペプチド分子の主鎖の C–N 結合，すなわちペプチド結合（カルボニル基とアミノ窒素の間の酸アミド結合）が開裂することによって生成したフラグメントイオンで C 末端を含んだもの.

z-ion

z イオン：イオン化されたペプチド分子の主鎖のペプチド結合ではない側の C–N 結合（N–Cα結合）が開裂することによって生成したフラグメントイオンで C 末端を含んだもの.

非推奨用語

amu

原子質量単位：統一原子質量単位（unified atomic mass unit, 単位記号 u）またはダルトン（dalton, 単位記号 Da）の使用を推奨.

anion radical

アニオンラジカル：ラジカルアニオン (radical anion) の使用を推奨.

appearance potential (AP)

出現電圧：電子イオン化などにおいてイオン生成を確認できる最小の電子加速電圧値をその計測におけるイオンの出現電圧という．出現エネルギー (appearance energy) の使用を推奨.

atomic mass unit

原子質量単位：統一原子質量単位（unified atomic mass unit, 単位記号 u）またはダルトン（dalton, 単位記号 Da）の使用を推奨.

$B[1-(E/E_0)]^{1/2}/E$ linked scan

$B[1-(E/E_0)]^{1/2}/E$ リンク走査：$B[1-(E/E_0)]^{1/2}/E$ 一定リンク走査 (linked scan at constant $B[1-(E/E_0)]^{1/2}/E$) の使用を推奨.

B/E linked scan

B/E リンク走査：B/E 一定リンク走査 (linked scan at constant B/E) の使用を推奨.

B^2/E linked scan

B^2/E リンク走査：B^2/E 一定リンク走査 (linked scan at constant B^2/E) の使用を推奨.

capillary exit fragmentation

キャピラリー出口分解：インソース衝突誘起解離 (in-source collision-induced dissociation) の使用を推奨.

cation radical

カチオンラジカル：ラジカルカチオン (radical cation) の使用を推奨.

cone voltage dissociation

コーン電圧解離：インソース衝突誘起解離 (in-source collision-induced dissociation) の使用を推奨.

cycloidal mass spectrometer

サイクロイド型質量分析計：トロコイド型質量分析計 (prolate trochoidal mass spectrometer) の使用を推奨.

daughter ion

娘イオン：プロダクトイオン (product ion) の使用を推奨.

daughter ion analysis

娘イオン分析：プロダクトイオン分析 (product ion analysis) の使用を推奨.

daughter ion scan

娘イオンスキャン：プロダクトイオンスキャン (product ion scan) の使用を推奨.

daughter ion spectrum

娘イオンスペクトル：プロダクトイオンスペクトル (product ion spectrum) の使用を推奨.

direct analysis of daughter ions (DADI)

娘イオン直接分析：MIKE 法 (mass-analyzed ion kinetic energy spectrometry) の使用を推奨.

electron attachment ionization

電子付着イオン化：電子捕獲イオン化 (electron capture ionization: ECI) の使用を推奨.

electron impact ionization

電子衝撃イオン化：電子イオン化 (electron ionization) の使用を推奨.

E^2/V linked scan

E^2/V リンク走査：E^2/V 一定リンク走査 (linked scan at constant E^2/V) の使用を推奨.

field desorption/ionization

電界脱離イオン化：電界脱離またはフィールドデソープション (field desorption) の使用を推奨.

fragment ion scan

フラグメントイオンスキャン：プロダクトイオンスキャン (product ion scan) の使用を推奨.

fragment ion spectrum

フラグメントイオンスペクトル：プロダクトイオンスペクトル (product ion spectrum) の使用を推奨.

granddaughter ion

孫娘イオン：二次プロダクトイオン (2nd generation product ion) の使用を推奨.

imonium ion

イモニウムイオン：イミニウムイオン (imunium ion) の使用を推奨.

immonium ion

インモニウムイオン：イミニウムイオン (imunium ion) の使用を推奨.

ionization potential

イオン化ポテンシャル：イオン化エネルギー (ionization energy) の使用を推奨.

mass excess

マスエクセス：負のマスディフェクト (mass defect) として表すことを推奨.

mass fragmentogram

マスフラグメントグラム：選択イオンモニタリングクロマトグラム (selected ion monitoring chromatogram) もしくは抽出イオンクロマトグラム (extracted ion chromatogram) の使用を推奨.

mass fragmentography

マスフラグメントグラフィー：選択イオンモニタリング (selected ion monitoring) の使用を推奨.

mass spectroscope

マススペクトロスコープ：質量分析を行うための装置の総称である質量分析装置 (mass spectrometric instrument) の使用を推奨.

mass spectroscopy

質量分光または**マススペクトロスコピー：**質量分析またはマススペクトロメトリー (mass spectrometry) の使用を推奨.

milli-atomic mass unit

ミリ原子質量単位：ミリダルトン (millidalton, mDa) の使用を推奨.

milli-mass unit

ミリマスユニット：ミリダルトン (millidalton, mDa) の使用を推奨.

mmu

ミリマスユニット：ミリダルトン (millidalton, mDa) の使用を推奨.

molecular protonated ion

分子プロトン付加イオン：プロトン付加分子 (protonated molecule) の使用を推奨.

molecular-related ion

分子量関連イオン：モノアイソトピック質量などイオン化前の分子の測定質量の値を得るために必要なイオン種の総称としては分子質量関連イオン (molecular mass ion) の使用を推奨．分子イオン以外のイオン種を表す場合はイオン種に応じてプロトン付加分子 (protonated molecule) やナトリウムイオン付加分子 (sodium cationized molecule) など，または $[M+H]^+$，$[M+Na]^+$ などの化学表記を使い分けることを推奨.

MS^3 spectrum

MS^3 スペクトル： 二次プロダクトイオンスペクトル (2nd generation product ion spectrum) の使用を推奨.

multiplu ion detection (MID)

多重イオン検出： 選択イオンモニタリング (selected ion monitoring: SIM) の使用を推奨.

parent ion

親イオン： プリカーサーイオン (precursor ion) の使用を推奨.

parent ion scan

親イオンスキャン： プリカーサーイオンスキャン (precursor ion scan) の使用を推奨.

parent ion spectrum

親イオンスペクトル： プリカーサーイオンスペクトル (precursor ion spectrum) の使用を推奨.

photon impact

光子衝撃または**フォトン衝撃：** 光イオン化 (photoionization) の使用を推奨.

protonated molecular ion

プロトン化分子イオン： プロトン付加分子 (protonated molecule) の使用を推奨.

pseudo-molecular ion

擬分子イオン： イオン種に応じてプロトン付加分子 (protonated molecule) やカチオン付加分子 (cationized molecule) など，または $[M+Na]^+$ や $[M-H]^-$ などの化学表記を使い分けることを推奨.

quasi-molecular ion

擬分子イオン： イオン種に応じてプロトン付加分子 (protonated molecule) やカチオン付加分子 (cationized molecule) など，または $[M+Na]^+$ や $[M-H]^-$ などの化学表記を使い分けることを推奨.

rings plus double bonds

環と二重結合数： 環と二重結合等価数 (ring and double bond equivalent) の使用を推奨.

selected ion detection (SID)

選択イオン検出： 選択イオンモニタリング (selected ion monitoring: SIM) の使用を推奨.

selected ion recording (SIR)

選択イオンレコーディング： 選択イオンモニタリング (selected ion monitoring: SIM) の使用を推奨.

target gas

ターゲットガスまたは**標的ガス：** 衝突ガス (collision gas) の使用を推奨.

thomson (Th)

トムソン：m/z の単位として提案されているが，m/z は無次元量なので単位は不要.

Torr

トル：圧力の SI 単位パスカル（pascal, 単位記号 Pa）の使用を推奨. 1 Torr = (101325/760) Pa.

total ion detection (TID)

全イオン検出：全イオンモニタリング (total ion monitoring) の使用を推奨.

trochoidal focusing mass spectrometer

トロコイド型質量分析計：用語「トロコイド型質量分析計」の英語表記としては prolate trochoidal mass spectrometer の使用を推奨.

用語集（アイウエオ順）

〈あ行〉

〈か行〉

〈さ行〉

〈た行〉

〈な行〉

〈は行〉

〈ま行〉

〈や行〉

〈ら行〉

〈abc〉

略語・記号索引（アルファベット順）

マススペクトロメトリー関係用語集

平成 10 年 2 月 1 日　第 1 版第 1 刷発行
平成 11 年 4 月 30 日　第 1 版第 2 刷発行
平成 13 年 3 月 31 日　第 2 版第 1 刷発行
平成 16 年 4 月 1 日　第 2 版第 2 刷発行
平成 17 年 11 月 30 日　第 2 版第 3 刷発行
平成 21 年 6 月 10 日　第 3 版第 1 刷発行
令和 2 年 3 月 11 日　第 4 版第 1 刷発行

編　集　吉野健一

発行者　一般社団法人　日本質量分析学会

発　行・印刷所　株式会社 国際文献社　パブリッシングセンター
〒 162–0801 東京都新宿区山吹町 332–6
Tel. 03–6824–9362

 ISBN 978–4–902590–90–6 Printed in Japan